Konjunkturelle Gesamtindikatoren

Europäische Hochschulschriften

Publications Universitaires Européennes
European University Studies

Reihe V
Volks- und Betriebswirtschaft

Série V Series V
Sciences économiques, gestion d'entreprise
Economics and Management

Bd./Vol. 2556

PETER LANG
Frankfurt am Main · Berlin · Bern · Bruxelles · New York · Wien

Holger Bahr

Konjunkturelle Gesamtindikatoren

Konstruktionsmethoden und ihre empirische Anwendung für die Bundesrepublik Deutschland

PETER LANG
Europäischer Verlag der Wissenschaften

Die Deutsche Bibliothek - CIP-Einheitsaufnahme

Bahr, Holger:

Konjunkturelle Gesamtindikatoren : Konstruktionsmethoden und ihre empirische Anwendung für die Bundesrepublik Deutschland / Holger Bahr. - Frankfurt am Main ; Berlin ; Bern ; Bruxelles ; New York ; Wien : Lang, 2000
(Europäische Hochschulschriften : Reihe 5, Volks- und Betriebswirtschaft ; Bd. 2556)
Zugl.: Gießen, Univ., Diss., 1999
ISBN 3-631-35708-7

D 26
ISSN 0531-7339
ISBN 3-631-35708-7

Andrea und meinen Eltern

Vorwort

Diese Arbeit entstand während meiner Tätigkeit als wissenschaftlicher Mitarbeiter beim Sachverständigenrat zur Begutachtung der gesamtwirtschaftlichen Entwicklung und ist das Ergebnis einer intensiven Auseinandersetzung mit der empirischen Konjunkturforschung. Sie wurde im Juli 1999 vom Fachbereich Wirtschaftswissenschaften an der Justus–Liebig–Universität Gießen als Dissertation angenommen. An dieser Stelle ist es mir ein besonderes Anliegen und eine große Freude, den Menschen zu danken, die über verschieden lange Zeiträume diese Arbeit begleitet haben und die um ihren Anteil am Gelingen selbst am besten wissen.

Besonderen Dank schulde ich Prof. Dr. Horst Rinne für sein Interesse an dieser Thematik und die vielfältige Unterstützung. Prof. Dr. Herbert Müller danke ich für die bereitwillige Übernahme des Koreferats. Allen Kolleginnen und Kollegen beim Sachverständigenrat sei für die geduldige Diskussionsbereitschaft gedankt; namentlich Dr. Michael Hüther übte wiederholt motivierenden Druck aus. Äußerst verbunden bin ich darüber hinaus Dipl.–Ökonomin Katja Specht, Dr. Gisela Kramer und Dr. Ingo Kuhnert, die mit ihren kritischen und wertvollen Anmerkungen jedem Leser einen wichtigen Dienst erwiesen haben.

Wiesbaden, im September 1999 — Holger Bahr

Inhaltsverzeichnis

1 Einführung **1**

1.1 Motivation 1

1.2 Konjunktur als ökonomisches Phänomen 3

1.3 Methoden der Konjunkturprognose 11

1.4 Historie der Konjunkturindikatorforschung 16

2 Das Selektionsproblem **25**

2.1 Systematisierung der Einzelindikatoren 26

2.1.1 Referenzreihen 26

2.1.2 Zeitlicher Verlauf 27

2.1.3 Skalenniveau 30

2.1.4 Komplexität des Indikandums 31

2.2 Auswahlkriterien des National Bureau of Economic Research . . 33

2.2.1 Anforderungen an einen Konjunkturindikator 33

2.2.2 Ein Punktbewertungssystem 35

2.3 Ausgewählte Konjunkturindikatoren für Deutschland 45

3 Das Aggregationsproblem **53**

3.1 Diffusionsindexbildung 54

3.1.1 Der Diffusionsindex 54

3.1.2 Der 'Average Duration of Run'–Index 56

3.1.3 Der 'Duration Rate'–Index 58

3.2 Signalwertmethode 60

3.2.1 Der SVR–Gesamtindikator 60

3.2.2 Der WSI–Konjunkturindikator 65

3.3 Standardisierungsverfahren 66
3.3.1 Der MNV–Indikator 66
3.3.2 Der GlaDD–Gesamtindikator 68
3.4 Komponentenanalytischer Ansatz 71
3.5 Vergleichende Beurteilung 78

4 Bekannte Gesamtindikatoren 85

4.1 Der F.A.Z.–Konjunkturindikator 86
4.2 Der Handelsblatt–Frühindikator 91
4.3 Das Konjunkturbarometer–Ost 96
4.4 Weitere Gesamtindikatoren 100
4.4.1 Das Wirtschaftswoche–Konjunkturbarometer 101
4.4.2 Der DG Bank–Euro–Indikator 104
4.4.3 Der ZEW Service Sentiment Indicator 109
4.5 Zwischenfazit 112

5 Konstruktion neuer Gesamtindikatoren 115

5.1 Eingesetzte statistische Methoden 116
5.1.1 Konjunktur als Zeitreihenkomponente 116
5.1.2 Maximale Summe der Bestimmtheitsmaße 119
5.1.3 Hauptkomponentenanalyse 120
5.2 Früheres Bundesgebiet 122
5.2.1 Zur Selektion 122
5.2.2 Zur Aggregation 123
5.2.3 Der Indikatorverlauf 126
5.3 Neue Bundesländer 129
5.3.1 Zur Selektion 129

5.3.2 Zur Aggregation 130

5.3.3 Der Indikatorverlauf 132

5.4 Deutschland 135

5.4.1 Zur Selektion 135

5.4.2 Zur Aggregation 136

5.4.3 Der Indikatorverlauf 137

5.5 Kritische Würdigung 140

6 Schlußbetrachtung **143**

Anhang **147**

A1 Abkürzungsverzeichnis 149

A2 Schaubildverzeichnis 151

A3 Tabellenverzeichnis 153

A4 Literaturverzeichnis 155

1 Einführung

1.1 Motivation

Die künftige Entwicklung der gesamtwirtschaftlichen Aktivität spielt in vielerlei Hinsicht eine bedeutsame Rolle, sei es für die privaten Wirtschaftssubjekte bei ihren Konsum- und Investitionsentscheidungen, sei es für die wissenschaftliche Politikberatung als eine Basis ihrer Empfehlungen, sei es für die wirtschaftspolitischen Akteure als Hintergrund für ihr Handeln in der Finanzpolitik, Geldpolitik und Lohnpolitik. Um die hierfür erforderlichen Entscheidungsgrundlagen bereitzustellen, bedarf es einer fundierten Konjunkturanalyse, die sowohl die Frage nach der aktuellen Lage einer Volkswirtschaft als auch nach dem zu erwartenden Entwicklungsmuster beinhaltet. Zu diesem Zweck greifen Konjunkturbeobachter in der Regel auf ein mehr oder weniger umfassendes Set von ökonomischen Zeitreihen zurück. Der Erfahrung des Analysten obliegt es, die relevanten Informationen zu verarbeiten, eventuelle Sondereinflüsse bei einzelnen Daten am aktuellen Rand zu berücksichtigen und ein Gesamtbild der Konjunktur zu entwickeln.

Einen Weg, diese individuell an den jeweiligen Analysten gebundene Vorgehensweise zu formalisieren und transparenter zu machen, bietet der Einsatz von konjunkturellen Gesamtindikatoren — zumindest wenn es um die begrenzte Fragestellung nach der Entwicklungsrichtung der wirtschaftlichen Aktivität und der entsprechenden konjunkturellen Umkehrpunkte geht und nicht um quantitative Prognosen für das Niveau und die Veränderungsraten gesamtwirtschaftlicher Aggregate. Der positiven Einschätzung konjunktureller Gesamtindikatoren liegt vor allem folgende Überlegung zugrunde: Während einzelne Indikatoren für sich betrachtet widersprüchliche konjunkturelle Tendenzen anzeigen können, ermöglichen Gesamtindikatoren durch die Verdichtung relevanter Informationen zu einer einzelnen Reihe deutlichere und stabilere Signale für eine zeitnahe Konjunkturbeobachtung.

Der hier kurz umrissene sogenannte Indikatorenansatz ist eine der ältesten Vorgehensweisen bei der Konjunkturanalyse, seine Anfänge liegen bereits über 100 Jahre zurück. Gleichwohl wurde die Konjunkturindikatorforschung im Zeitablauf mit unterschiedlicher Intensität und äußerst wechselhaftem Erfolg vorangetrieben. In den neunziger Jahren kam es in Deutschland zu einer Art Renaissance konjunktureller Gesamtindikatoren: Vor allem durch die regelmäßige Publikation in überregionalen Zeitungen und Zeitschriften haben mehrere Indikatoren eine weite Verbreitung und hohe Aufmerksamkeit in der Öffentlichkeit gefunden. Aus diesem Befund heraus leitet sich als erste Motivation für diese Arbeit ab, den Indikatorenansatz systematisch aufzuarbeiten. Hierzu gehört neben dem historischen Abriß vor allem die Analyse der vielfältigen Konstruktionsmethoden für konjunkturelle Gesamtindikatoren.

Dem Ziel einer guten Vorhersagequalität konjunktureller Entwicklungstendenzen verpflichtet stützt sich der Indikatorenansatz indes weniger auf ein modellgestütztes Vorgehen; es ist vielmehr eine pragmatische Methode, die dem Empiriker weitreichende Freiheitsgrade beläßt. Dies erweist sich insbesondere bei datentechnischen Begrenzungen als Vorteil, wenn beispielsweise Statistikumstellungen oder Strukturbrüche die Möglichkeiten für den Einsatz zeitreihenanalytischer und ökonometrischer Verfahren spürbar einschränken. Konkret stehen etwa für die neuen Bundesländer nur relativ kurze Zeitreihen zur Verfügung. Des weiteren hat die Einführung des „Europäischen Systems Volkswirtschaftlicher Gesamtrechnungen (ESVG 95)“ zur Folge, daß seit dem April 1999 konsistente Zeitreihen der Volkswirtschaftlichen Gesamtrechnungen nur noch ab dem Jahre 1991 und nur noch für Deutschland insgesamt vom Statistischen Bundesamt veröffentlicht werden. Angesichts dieser Begrenzungen des verfügbaren Datenmaterials besteht — mit konkretem aktuellen Bezug — die zweite Motivation darin, auf der Grundlage der in dieser Arbeit gesammelten Erfahrungen selbst drei neue konjunkturelle Gesamtindikatoren mit zeitlichem Vorlauf gegenüber der wirtschaftlichen Aktivität zu konstruieren: sowohl jeweils für Westdeutschland und Ostdeutschland getrennt als auch vor allem — als wesentliche Neuheit — für das gesamte Bundesgebiet.

1.2 Konjunktur als ökonomisches Phänomen

In mancherlei Hinsicht ist eine stetige und angemessene gesamtwirtschaftliche Entwicklung wünschenswert, wie sie als eines von vier Zielen neben einem hohen Beschäftigungsstand, Preisniveaustabilität und außenwirtschaftlichem Gleichgewicht im sogenannten „Stabilitätsgesetz" (Gesetz zur Förderung der Stabilität und des Wachstums der Wirtschaft vom 8. Juni 1967) niedergelegt ist. Indes sieht die Entwicklung industrialisierter Volkswirtschaften in der Regel anders aus, denn sie ist geprägt von aufeinanderfolgenden guten und schlechten Perioden. Egal welche Ursachen dafür verantwortlich zu machen sind, es entstehen bei konjunkturellen Schwankungen Friktionen innerhalb der Volkswirtschaft, beispielsweise aufgrund von Preisrigiditäten und anderen Anpassungsschwierigkeiten auf einzelnen Märkten, die in Deutschland insbesondere in der nach Rezessionen jeweils gestiegenen Sockelarbeitslosigkeit ihren Ausdruck finden [MÜLLER (1999), S. 63 ff.]. Zwar ist die bedrückend hohe Arbeitslosigkeit wohl vornehmlich strukturell bedingt, also vor allem auf eine mangelnde Flexibilität am Arbeitsmarkt und eine unzureichende Lohndifferenzierung zurückzuführen, gleichwohl kann sich die Beschäftigungssituation im Zusammenhang mit dem hier in erster Linie interessierenden ökonomischen Phänomen — der Konjunktur — verschärfen.

Für das mehrdimensionale und nicht direkt beobachtbare Phänomen „Konjunktur" soll in dieser Arbeit eine in der Konjunkturforschung verbreitete und für den Indikatorenansatz hinreichende Definition zugrundegelegt werden [VOSGERAU (1978), S. 478]:

> *„Konjunkturen sind mehrjährige Schwankungen der wirtschaftlichen Tätigkeit in einer Volkswirtschaft als Ganzes, die bei allen Besonderheiten im einzelnen gewisse Regelmäßigkeiten aufweisen."*

Diese Formulierung legt nur eine diffuse und wenig operationale Vorstellung von konjunkturellen Schwankungen nahe. Dies gilt um so mehr, wenn man berücksichtigt, daß sich die gesamtwirtschaftliche Aktivität typischerweise entlang eines Wachstumstrends entwickelt und zudem stochastischen Einflüssen ausgesetzt ist, wodurch die konkrete Identifikation der Konjunktur erschwert wird. Vor diesem Hintergrund ergeben sich für die Konjunkturforschung zwei

Aufgabenstellungen: Es geht zum einen um die empirische Beschreibung des Phänomens und zum anderen um dessen theoretische Erklärung.

Es mangelt grundsätzlich nicht an Ansätzen, die den konjunkturellen Schwankungen zugrundeliegenden kumulativen Prozesse in einer eigenen *Konjunkturtheorie* zu erklären. Schwerpunkte liegen dabei auf mehr oder weniger weitreichenden Aspekten des Konjunkturphänomens, sei es auf der Art der Anstöße für die Schwankungen, sei es auf dem Fortpflanzungsprozeß innerhalb eines Konjunkturzyklus [TICHY (1994), S. 117 ff.; TEICHMANN (1997), S. 4 ff.; ASSENMACHER (1998a), S. 53 ff.]. Die Vielzahl der Modelle darf aber keineswegs darüber hinwegtäuschen, daß es an einer umfassenden Konjunkturtheorie mangelt und sich einzelne Ansätze teilweise sogar widersprechen. Dies ist auch Ausdruck der Tatsache, daß in marktwirtschaftlichen Prozessen die Wirtschaftssubjekte ihre Kreativität und Energie darauf verwenden, etwas anders und möglichst besser zu machen als bisher. Die Theorie kann demnach allenfalls den aktuellen Entwicklungsstand ökonomischer Prozesse und Verhaltensweisen abzubilden versuchen. Eine weitergehende Beschäftigung mit den verschiedenen Konjunkturtheorien ist in dieser Arbeit nicht erforderlich. Zwar sind theoretische Überlegungen bei der Auswahl einzelner ökonomischer Zeitreihen hilfreich. Jedoch macht nicht jede Konjunkturtheorie eigene, anderen Ansätzen widersprechende Aussagen darüber, welche Einzelindikatoren für eine Konjunkturanalyse günstig sind. Ohnehin stehen beim Indikatorenansatz empirische Auswahlkriterien im Vordergrund.

Neben der Beschreibung des Konjunkturphänomens besteht die Aufgabe der *empirischen Konjunkturforschung* darin, die unterschiedlichen Theorien zu überprüfen. Demzufolge sollten Konjunkturtheorie und empirische Konjunkturforschung eng miteinander verknüpft sein. Tatsächlich offenbart sich aber, daß es mehr theoretische Ansätze gibt als Methoden zu deren empirischer Überprüfung. Im weiteren soll es aber nicht darum gehen, einen ergänzenden Beitrag zur Evaluierung von Konjunkturtheorien zu leisten. Vielmehr steht die empirische Beschreibung des Konjunkturphänomens im Vordergrund. Für diese ist zunächst die Beobachtung zentral, daß wohl kein Konjunkturzyklus mit dem anderen identisch ist. Konkret lassen sich die Schwankungen der gesamtwirtschaftlichen Aktivität anhand der drei folgenden Eigenschaften charakterisieren: die Phasen, die Länge und die Amplitude [ASSENMACHER (1998a), S. 10 ff.].

Hinsichtlich der *Phasen*, in die ein Konjunkturzyklus unterteilt werden kann, wurden bereits sehr früh die wesentlichen Grundzüge entwickelt. In der Tradition der Arbeiten des National Bureau of Economic Research (NBER) sind zwei Phasen zu unterscheiden: Eine Volkswirtschaft erlebt nach einer *Aufschwungphase* (Expansion) eine zeitlich kürzer ausfallende *Abschwungphase* (Kontraktion) [BURNS/MITCHELL (1946), S. 3]. HABERLER verfeinerte diese grobe Gliederung in ein Vier–Phasen–Schema des konjunkturellen Ablaufmusters, welches die meisten konjunkturtheoretischen Ansätze zugrunde legen [HABERLER (1955), S. 255 ff.]. Die jeweiligen Phasen sind durch folgende Entwicklungen in der Volkswirtschaft gekennzeichnet (Schaubild 1/1):

Schaubild 1/1: Der Konjunkturzyklus nach HABERLER

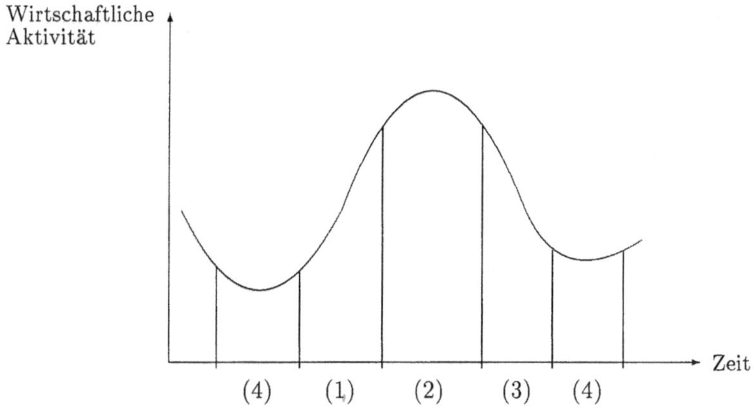

Quelle: Vgl. ASSENMACHER (1998a), S. 11.

(1) *Aufschwung* (Prosperitätsphase, Expansion)

Die gesamtwirtschaftliche Produktion nimmt zu, die Arbeitslosigkeit sinkt, und der stärkeren Auslastung der Kapazitäten folgen im weiteren Verlauf Erweiterungsinvestitionen und ein wachsender Kapitalstock.

Ebenso weitet sich das verfügbare Einkommen und damit der private Konsum aus.

(2) *Oberer Umkehrpunkt* (Krise im technischen Sinn)

Mit dem Übergang in diese Phase ist eine Vollauslastung der Produktionsfaktoren Arbeit und Kapital verbunden. Es kommt zu Engpässen, also Nachfrageüberhängen, mit der Konsequenz von Steigerungen der Preise für Waren, der Löhne und der Zinsen, die die wirtschaftliche Aktivität dämpfen und letztlich den Abschwung einleiten.

(3) *Niedergang* (Depressionsphase, Kontraktion)

Kennzeichnend für den Niedergang ist angesichts des restriktiv wirkenden Zinsniveaus eine rückläufige Investitionstätigkeit und damit einhergehend eine Zunahme der Erwerbslosigkeit. Im Zuge dieser Abwärtsentwicklung gehen die Einkommen und der private Konsum zurück; bei sinkenden Gewinnen geraten viele Unternehmen in finanzielle Schwierigkeiten.

(4) *Unterer Umkehrpunkt* (Wiederbelebung)

Die Abwärtsentwicklung findet in dieser Phase — gekennzeichnet durch hohe Arbeitslosigkeit und geringe Kapazitätsauslastung — ihr Ende, und über eine sich erholende Investitionstätigkeit kann ein neuer Konjunkturaufschwung beginnen.

Die Bestimmung der *Länge* von Konjunkturzyklen hängt maßgeblich von dem Meßverfahren ab. In der konjunkturtheoretischen Literatur wird überwiegend eine Abgrenzung von einem unteren Umkehrpunkt bis zum nächsten Tiefpunkt verwendet. Demgegenüber bestimmt man in der empirischen Konjunkturforschung die Zyklenlänge vor allem über die Schnittpunkte mit dem Trend. Dies trägt der empirischen Beobachtung Rechnung, daß die Zyklen nie streng periodisch sind. Die Einordnung von Konjunkturzyklen wird neben dem Meßverfahren sowohl von dem zugrundeliegenden Indikator als auch von seiner Erfassung in Form von Niveaugrößen oder Veränderungsraten beeinflußt [Tichy (1994), S. 8 ff.].

Durch die Betrachtung der *Amplitude* soll die Stärke von Konjunkturschwankungen erfaßt werden. Dazu wird in der Regel der größte Ausschlag einer Wellenbewegung von der konjunkturellen Normalsituation ermittelt, also die absolute oder auch die relative Abweichung der Umkehrpunkte von der trendmäßigen Entwicklung. Dabei ist anzumerken, daß dieses Charakteristikum eigentlich nur für die empirische Arbeit und die daraus abzuleitenden Politikmaßnahmen von Interesse ist, während konjunkturtheoretische Überlegungen die Stärke der erklärten Schwankungen in der Regel unberücksichtigt lassen. Zu beobachten ist, daß die konjunkturellen Ausschläge nach oben und jene nach unten selten gleich groß sind. Überdies zeichnet sich in der jüngeren Vergangenheit ein leicht rückläufiger Trend bei der Amplitude ab [TICHY (1994), S. 66 ff.] Als Ursachen für die verringerte Konjunkturreagibilität der wirtschaftlichen Entwicklung werden unter anderem der Strukturwandel in Richtung des Dienstleistungssektors und stabilere Einkommen angeführt.

Von den drei genannten Charakteristika von Konjunkturzyklen — Phasen, Länge, Amplitude — hat vor allem die Frage nach der Länge von Konjunkturzyklen einen breiten Raum in der empirischen Konjunkturforschung eingenommen. In diesem Zusammenhang haben sich drei typische Formen gesamtwirtschaftlicher Schwankungen in industrialisierten Volkswirtschaften herauskristallisiert, die nach ihren „Entdeckern“ benannt werden [HEUBES (1980), S. 383 ff.]:

- KONDRATIEFF–Zyklen

  Die längsten identifizierten Wellenbewegungen über 50 bis 60 Jahre hinweg gehen auf empirische Untersuchungen von Zeitreihen — vor allem Preisreihen — für vier Länder zurück [KONDRATIEFF (1926)]. Die Existenz dieser Zyklen ist jedoch umstritten. Der Grund ist in der verwendeten statistischen Datenbasis zu sehen, die durch die notwendigen Datenbereinigungen bei schwerwiegenden exogenen Störungen wie Naturkatastrophen und Kriegen zwangsläufig mit Unzulänglichkeiten behaftet ist. Dessen ungeachtet gibt es die Vorstellung, daß sich die heutigen Volkswirtschaften seit Beginn der neunziger Jahre im fünften KONDRATIEFF–Zyklus befinden. Die Informationstechnik wird als die diese lange Welle tragende „Basisinnovation“ ausgemacht, die durch ein Netz von Technologien, Verfahren, Dienstleistungen und Strategien sowie soziale und psychologische Veränderungen einen neuen Innovationsschub hervorbringt [NEFIODOW (1997), S. 271].

- JUGLAR-Zyklen

  Diese Konjunkturzyklen mit einer Schwingungsdauer von sieben bis zwölf Jahren sind das Ergebnis einer Untersuchung von JUGLAR aus dem Jahre 1862. In dem wohl ersten Beitrag zur empirischen Konjunkturforschung betrachtete er Krisen nicht als isolierte Ereignisse, sondern stellte sie in den Zusammenhang eines Konjunkturzyklus, in dem die Phasen „Prosperität“, „Krise“ und „Liquidation“ immer wieder aufeinander folgen. Die Schwankungen wurden mit Veränderungen der Investitionstätigkeit im Zeitablauf erklärt [ASSENMACHER (1998a), S. 18].

- KITCHIN-Zyklen

  Die mit einer Länge von durchschnittlich vierzig Monaten kürzeste Welle geht auf die Untersuchung KITCHINS von Zeitreihen der Jahre 1890 bis 1922 in den Vereinigten Staaten und in Großbritannien zurück [KITCHIN (1923)]. Dieser Zyklus wird von KITCHIN „minor cycle“ genannt, wohingegen er die mittelfristigen JUGLAR-Zyklen als „major cycles“ bezeichnet, die keine eigenständigen Konjunkturschwankungen sind, sondern sich vielmehr aus kurzfristigen KITCHIN-Zyklen zusammensetzen. Vierzigmonatige Schwankungen beobachtete auch CRUM, wenngleich er bei der Verallgemeinerung seiner Untersuchungsergebnisse deutlich zurückhaltender blieb [CRUM (1923), S. 17].

Die Einteilung und Bezeichnung der drei unterschiedlich langen Konjunkturschwankungen geht auf SCHUMPETER aus dem Jahre 1939 zurück [MAUSSNER (1993), S. 3 ff.]. Diese Systematisierung ist zwar keineswegs unumstritten oder gar die einzige [VOSGERAU (1978), S. 484]; sie dient jedoch SCHUMPETER in einem weiteren Schritt dazu, das Konjunkturphänomen als das Ergebnis einer Vielzahl verschiedener Wellenbewegungen zu interpretieren. Aufgrund theoretischer Überlegungen kommt er zu dem Schluß, daß sich ein KONDRATIEFF-

Zyklus aus einer ganzen Anzahl (sechs) JUGLAR–Zyklen zusammensetzt, die ihrerseits jeweils aus einer ganzen Anzahl (drei) KITCHIN–Zyklen bestehen [SCHUMPETER (1939), S. 173 ff.].

Dieses Drei–Zyklen–Schema ist aber in der Konjunkturforschung zugunsten einer Ein–Zyklus–Betrachtung in den Hintergrund getreten. Unbeschadet der Beobachtung, daß in den letzten Jahrzehnten die Länge der Konjunkturzyklen auf etwa vier bis sechs Jahre abgenommen hat, werden die typischen konjunkturellen Schwankungen in der deutschen Literatur gemeinhin als JUGLAR–Zyklen bezeichnet [HEUBES (1980), S. 385].

Aufgrund der Komplexität des Phänomens bietet sich dem Betrachter nur eine wenig klare und kaum operationale Definition dessen, was Konjunktur ist. Dies findet seinen Niederschlag nicht nur in einer Vielzahl entsprechender Theorien, sondern auch in unterschiedlichen Abgrenzungen der Phasen und Vorstellungen über die Länge des Konjunkturzyklus. Zur Illustration soll an dieser Stelle kurz auf die Diskussion eingegangen werden, ob es noch den traditionellen Konjunkturzyklus gibt oder ob die Industrieländer nurmehr „modernen Wachstumsschwankungen" unterliegen [TICHY (1994), S. 62 ff.]: Letztere wären von ersterem wesensverschieden, sei es, weil sich die Länge verkürzt habe, sei es, weil sich die Amplitude verringert habe, sei es, weil es sich lediglich noch um Schwankungen von positiven Veränderungsraten ohne absolute Rückgänge der gesamtwirtschaftlichen Produktion handele, sei es, daß nun die Symmetrie fehle, da die Aufschwünge deutlich länger als die Abschwünge dauerten. TICHY interpretiert die jüngere Forschung zusammenfassend in dem Sinne, daß sich die heutigen Schwankungen von den Vorkriegswellen keineswegs derart signifikant unterscheiden. Im Gegenteil: Die Konjunkturmuster blieben weitgehend erhalten. Angesichts dessen scheint es sehr wohl angezeigt, im Rahmen der empirischen Konjunkturforschung auch weiterhin von der Existenz von Konjunkturzyklen auszugehen.

Die bislang beschriebenen Herangehensweisen an das Konjunkturphänomen versuchen, anhand der zeitlichen Entwicklung eines Aggregats der gesamtwirtschaftlichen Aktivität die Länge und die Form der Schwankungen auszumachen. Im Rahmen der neueren Konjunkturforschung ist hingegen deutlich das Bestreben zu erkennen, den mehrdimensionalen Charakter des Phänomens „Konjunktur“ zu betonen. Die Betrachtung verschiedener ökonomischer Einzelreihen steht dabei im Vordergrund. Generell geht es darum, die zyklischen Beziehungen der Reihen untereinander sowie die Amplituden der Schwankungen zu erkennen. Aus dieser Analyse heraus lassen sich allgemeingültige Vorstellungen über das Konjunkturmuster ableiten, die als „stilisierte Fakten“ bezeichnet werden [TICHY (1994), S. 38 f.]. Für den in Industrieländern typischerweise zu beobachtenden Konjunkturzyklus ist die von LUCAS konzipierte Liste stilisierter Fakten bedeutsam [LUCAS (1977), S. 9]:

- Die konjunkturellen Schwankungen der einzelnen Sektoren einer Volkswirtschaft sind hoch korreliert.
- Die Schwankungen im Produktionsgütergewerbe und bei langlebigen Gebrauchsgütern weisen größere Amplituden auf als im Verbrauchsgütergewerbe.
- Die Produktion und die Preise in der Landwirtschaft sowie bei den natürlichen Ressourcen verhalten sich weniger konjunkturreagibel.
- Die Unternehmensgewinne sind überdurchschnittlich konjunkturreagibel.
- Die Preisentwicklung zeigt sich prozyklisch.
- Der prozyklische Verlauf der kurzfristigen Zinsen ist deutlicher als der der Kapitalmarktzinsen.
- Die Geldmengenaggregate und die Umlaufgeschwindigkeit sind ebenfalls prozyklisch.

Die Liste wurde in der Folgezeit von verschiedenen Autoren erweitert und modifiziert, wobei sich bei der Sichtung der stilisierten Fakten insgesamt kein unmittelbar konsistentes Bild des Konjunkturmusters zeichnen läßt [SCHEBECK/TICHY (1984), S. 208 f.]. Wenngleich auch dieses Konzept der stilisierten Fakten nicht die letzte Gewißheit über das Konjunkturphänomen ans Licht bringt, so liegt doch ein wesentlicher Vorzug darin, daß der Konjunkturbeobachter sensibilisiert wird für typische Konstellationen ökonomischer

Indikatoren im Zeitablauf. Immerhin gelingt es dank der stilisierten Fakten recht gut, die Konjunkturverläufe industrialisierter Volkswirtschaften nachzuzeichnen, wenngleich es ihnen ebenfalls an Aussagekraft hinsichtlich der Stärke konjunktureller Schwankungen mangelt. Damit verbleibt jedoch eine nicht unwesentliche Unsicherheit bei der Konjunkturdiagnose, mithin der Bestimmung der aktuellen Position im Konjunkturzyklus. Dies wiederum ist von großer Bedeutung für Konjunkturprognosen, die den wirtschaftspolitischen Akteuren eine fundierte Basis für ihre Entscheidungen bieten und deren Methoden im folgenden Abschnitt überblicksartig behandelt werden.

1.3 Methoden der Konjunkturprognose

Bei Prognosen im allgemeinen und Konjunkturprognosen im besonderen steht der oft großen Bedeutung für die Wirtschaftssubjekte — ihre Stimmung, ihre Planungen, ihre Handlungen — ein weitgehendes Unwissen bezüglich des Zustandekommens der Prognoseergebnisse gegenüber. Für diesen Umstand sind bei Konjunkturprognosen insbesondere zwei Gründe verantwortlich. Zum einen legen die Prognostiker ihre Methoden ungern vollständig offen, zum anderen sind die Vorstellungen über das Phänomen „Konjunktur“ selbst bereits hinreichend vage. Im übrigen verschwimmt die Grenze zwischen Konjunkturprognose und einer fundierten Konjunkturdiagnose, da letztere schon zu einem guten Teil prognostischen Charakter besitzt, bedingt durch zeitliche Verzögerungen bei der Aufbereitung von Daten der amtlichen Statistik [HÜTHER (1996), S. 173 f.].

Die Notwendigkeit einer detaillierten Konjunkturdiagnose ist Ausdruck der wohl unbestrittenen Erkenntnis, daß die Vergangenheit der Ursprung jeglicher Prognose ist. In Anbetracht dessen scheint der Methodenstreit oder die Rivalität der verschiedenen Ansätze zur Konjunkturprognose unangebracht: In jedem Fall werden mit entsprechendem Erfahrungswissen beispielsweise Strukturen und Koeffizienten für ökonometrische Schätzgleichungen ermittelt oder Tendenzbefragungen bewertet oder die bestehende Datenbasis zeitreihenanalytisch aufbereitet; zudem ist in der Praxis zu beobachten, daß die drei Ansätze *isolierter Prognosen* regelmäßig im Rahmen der beiden *umfassenden Makro-*

prognosen zum Einsatz kommen (Schaubild 1/2). Es handelt sich also weniger um alternative Ansätze als vielmehr um Methoden, die für eine verbesserte Prognosequalität sinnvoll kombiniert werden können.

Schaubild 1/2: Methoden der Konjunkturprognose

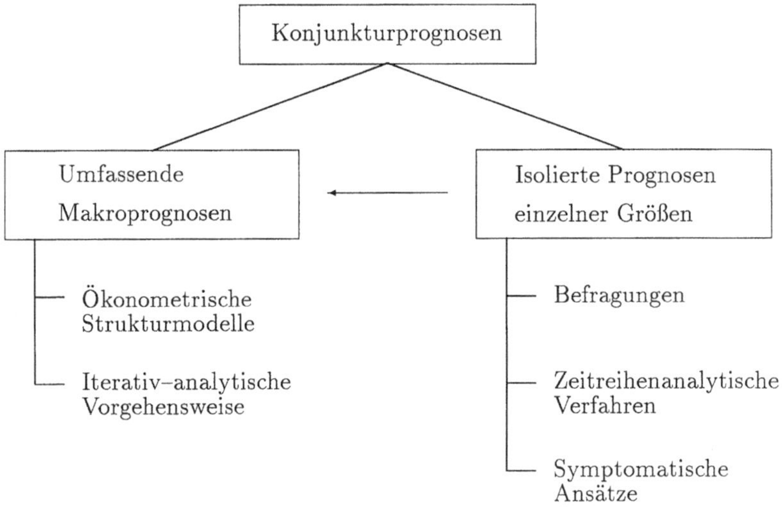

Konjunkturprognosen mit *ökonometrischen Strukturmodellen* zeichnen sich dadurch aus, daß die stochastischen Beziehungen zwischen den ökonomischen Variablen in Gleichungsform im Sinne einer eingebauten Konsistenz formalisiert sind [Tichy (1994), S. 210 ff.; Winker (1997), S. 121 ff.; Assenmacher (1998a), S. 39 ff.]. Auf der Basis von Vergangenheitsdaten werden Regressionsbeziehungen zwischen den zu prognostizierenden Variablen und den Erklärungsvariablen geschätzt. Diese Gleichungen dienen schließlich der Prognose. Zunächst werden also die wichtigsten Beziehungen zwischen endogenen (modellbestimmten) Variablen und exogenen Variablen in einem Gleichungssystem zusammengefaßt: Dazu gehören Verhaltensgleichungen, die die theoretisch abgeleiteten Reaktionsmuster der Wirtschaftssubjekte abbilden, gleichwohl auch Zufallseinflüsse beinhalten. Zusätzlich gewährleisten Definitionsgleichungen in Form von Identitäten oder Gleichgewichtsbedingungen die Konsistenz des Strukturmodells; diese enthalten keine zufälligen Einflüsse.

Ein wesentlicher Vorteil ökonometrischer Strukturmodelle besteht darin, daß sie dem außenstehenden Betrachter einen Einblick in die zugrundeliegenden Thesen ermöglicht, denn die theoretischen Überlegungen sind beispielsweise in Form einer Konsumfunktion oder einer Investitionsfunktion explizit niedergeschrieben. Damit einher geht allerdings eine gewisse Starrheit des Ansatzes: Zum einen müssen für Prognosen zunächst sämtliche exogene Variablen für den Prognosezeitraum bestimmt werden. Dies erfordert zusätzliche Schätzungen oder einfache Setzungen. Zum anderen können Strukturbrüche bei den Verhaltensgleichungen zur Verfälschung der geschätzten Reaktionsbeziehungen führen. [1] Als Konsequenz wird die Aussagekraft ökonometrischer Strukturmodelle eingeschränkt. Die diesbezügliche LUCAS-Kritik weist darauf hin, daß sich die Regressionsparameter unter dem Einfluß der Wirtschaftspolitik ändern, wenn die Wirtschaftssubjekte veränderte Politikregeln erkennen und in ihr ökonomisches Verhalten einbeziehen [LUCAS (1976), S. 19 ff.]. Vor diesem Hintergrund werden bei Bedarf manuelle Anpassungen in einzelnen Gleichungen vorgenommen. Im Einzelfall können die Anpassungen dazu führen, daß sich die Prognosen kaum mehr erkennbar aus dem eigentlich zugrundeliegenden Modell generieren.

In Deutschland werden eine Reihe von ökonometrischen Strukturmodellen gepflegt [HEILEMANN/WOLTERS (1997), S. 34 f.]. Vorrangig werden diese Modelle im privaten Sektor, namentlich bei Banken, eingesetzt, aber auch einige Wirtschaftsforschungsinstitute haben eigene ökonometrische Modelle. Daß Nutzung und Akzeptanz der so gewonnenen Ergebnisse unterschiedlich stark ausgeprägt sind, läßt sich am makroökonomischen Mehrländermodell der Deutschen Bundesbank beispielhaft belegen. Von den 639 Gleichungen beziehen sich 149 Gleichungen speziell auf Deutschland, wobei sich diese in 75 Verhaltensgleichungen und in 74 Definitionsgleichungen aufteilen [DEUTSCHE BUNDESBANK (1996), S. 27]. So umfangreich dieses Modell auch ist und so wichtig es vor allem als eine Entscheidungshilfe bei der Umsetzung einer potentialorientierten Geldmengensteuerung für die Deutsche Bundesbank gewesen sein mag, so sehr

[1] Als weitere Ursachen für Fehlprognosen sind Spezifikationsfehler (beim funktionalen Zusammenhang, bei der Regressorenauswahl, bei den stochastischen Modellannahmen), Prognosefehler in den Regressoren, Störvariablenfehler sowie Schätzfehler im Koeffizientenvektor des ökonometrischen Modell zu nennen [RINNE (1976), S. 96 f.].

vermißt man doch bei den Konjunkturanalysen in ihren Monatsberichten den expliziten Rückgriff auf dieses ökonometrische Strukturmodell.

Am weitesten verbreitet in der Praxis der Konjunkturprognosen ist die *iterativ-analytische Vorgehensweise* [TICHY (1994), S. 206 ff.]. Ausgangspunkt hierfür ist das System der Volkswirtschaftlichen Gesamtrechnungen [RINNE (1996), S. 437 ff.]. Kennzeichnend ist ferner, daß im einzelnen eine Vielzahl von Methoden zur Anwendung kommen können. Auf der Basis vorzugebender Annahmen werden erste Schätzungen vorgenommen. In dieser Phase ist es in der Regel so, daß die Ergebnisse für das Bruttoinlandsprodukt anhand der drei Rechnungen in den Volkswirtschaftlichen Gesamtrechnungen (Entstehung, Verwendung, Verteilung) noch nicht übereinstimmen. Daher werden in weiteren Rechengängen — iterativ — die Annahmen überprüft und gegebenenfalls angepaßt bis konsistente und plausible Ergebnisse vorliegen.

Dieser iterativ–analytische Ansatz ist meist stark institutionell geprägt und trägt vielen Besonderheiten — auch solchen der Prognostiker — Rechnung, so daß die Konjunkturprognosen nur schwer für Außenstehende nachvollziehbar sind. Erschwerend kommt hinzu, daß diese Vorgehensweise kaum systematisch untersucht werden kann, da es allenfalls nur wenig detaillierte Dokumentationen gibt. Der Sachverständigenrat zur Begutachtung der gesamtwirtschaftlichen Entwicklung schätzt auf der Basis einiger Annahmen, beispielsweise über die Entwicklung des Welthandelsvolumens, zunächst getrennt die einzelnen Aggregate, bevor ausgehend von der statistisch am besten abgesicherten Entstehungsrechnung des Bruttoinlandsprodukts im Verfahren des sogenannten „Rundrechnens" die Gesamtkonsistenz der Konjunkturprognose herbeigeführt wird [BARTH (1990), S. 110 ff.; HEISE (1991), S. 19 ff.]. Ähnlich verfährt das Ifo–Institut für Wirtschaftsforschung, München, bei seinen Konjunkturprognosen, wobei auf die eigenen Befragungsergebnisse im Ifo–Konjunkturtest ein besonderes Augenmerk gelegt wird [NIERHAUS (1998), S. 15 ff.]. Hier kommt zugleich der Hauptvorteil der iterativ–analytischen Vorgehensweise bei der Konjunkturprognose zum Ausdruck: Sämtliches Datenmaterial, ob quantitativ oder qualitativ, kann verarbeitet werden. Überdies besteht weitgehende Freiheit, die von Spezialisten mit Detailwissen erstellten Teilprognosen einzubinden, bevor eine Gesamtabstimmung vorgenommen wird.

Fügt man das Gesagte zusammen, so weisen beide Ansätze umfassender Makroprognosen Vorteile und Nachteile auf. Daß ökonometrische Strukturmodelle oftmals parallel zur iterativ–analytischen Vorgehensweise eingesetzt werden, deutet darauf hin, daß es offensichtlich keine objektiv begründeten Präferenzen für einen bestimmten Ansatz gibt. Dies paßt auch zu den Ergebnissen, die hinsichtlich der Prognosegüte nicht den Schluß zulassen, daß man die beiden Vorgehensweisen aufgrund von systematischen Prognosefehlern klar separieren könnte.[2)] In jedem Fall sind diese Konjunkturprognosen besser als ihr Ruf, denn sie sind durchweg eher in der Lage, die zukünftige Entwicklung abzubilden, als dies eine naive Fortschreibung der Gegenwart vermag [HÜTHER (1996), S. 175]. Da Konjunkturprognosen ohnehin nicht nur an der Treffsicherheit ihrer Punktprognosen gemessen werden sollten, sondern vor allem an ihrer Fähigkeit, das qualitative konjunkturelle Muster korrekt abzubilden, wird sich auch weiterhin die Erstellung von Konjunkturprognosen lohnen.

Anders als die umfassenden Makroprognosen zeichnen sich die Ansätze der zweiten Gruppe von Konjunkturprognosen dadurch aus, daß sie lediglich für mehr oder weniger eng zugeschnittene Bereiche oder Variablen Aussagen über deren künftige Entwicklung zulassen und nicht unbedingt angestrebt wird, Erklärungsansätze für das Konjunkturphänomen zu liefern oder konjunkturtheoretische Zusammenhänge aufzuzeigen. Diese Verfahren bilden nicht die kompletten Volkswirtschaftlichen Gesamtrechnungen ab, sondern werden flexibel bei speziellen Fragestellungen eingesetzt. Dabei gelangen die folgenden drei Prognosemethoden sowohl in ökonometrischen Strukturmodellen als auch vor allem bei iterativ–analytischen Prognosen häufig zur Anwendung [PARIGI/SCHLITZER (1996), S. 201 ff.].

Anhand von *Befragungen* lassen sich Einschätzungen und Pläne der Wirtschaftssubjekte ermitteln [TICHY (1994), S. 219 ff.]. Für die künftige konjunkturelle Entwicklung ist bedeutsam, wie einerseits die Investitionsvorhaben der Unternehmen aussehen und wie andererseits die Perspektiven des Kaufverhaltens der Konsumenten einzuschätzen sind. Es gibt eine Reihe von Ansätzen, die

---

2) Diverse Untersuchungen beschäftigen sich mit der Treffsicherheit gesamtwirtschaftlicher Vorausschätzungen [LANGFELDT/TRAPP (1986); PFLAUMER (1986); PFLAUMER/SWART (1987); CORNELIUS (1989); DÖPKE/LANGFELDT (1995); RINNE (1997a)].

die Eignung von Befragungsergebnissen als ökonomische Indikatoren theoretisch fundieren [GÜNTZEL (1994), S. 25 ff.]. Überdies zeigt sich in der jüngeren Vergangenheit, daß Konjunkturumfragen sowohl in Deutschland zunehmend eingesetzt werden, um bestehende Lücken in der amtlichen Statistik zu schließen, als auch für gesamteuropäische Analysen herangezogen werden, um dem begrenzten Umfang harmonisierter amtlicher Daten zu begegnen.

Insbesondere aus dem Mißtrauen gegenüber den ökonometrischen Strukturmodellen heraus hielt mit der BOX/JENKINS–Methodologie aus dem Jahre 1970 ein *zeitreihenanalytisches Verfahren* rasch Einzug in die Konjunkturprognosen. Einen weiteren Schub erhielten zeitreihenanalytische Ansätze durch den Einsatz vektorautoregressiver Schätzverfahren [SIMS (1980), S. 1 ff.]. Zeitreihenanalytische Verfahren sind weitgehend theoriefrei und kommen ohne ökonomische Annahmen aus, falls sie die Informationen einzig aus dem betrachteten Datenmaterial beziehen. Bei der Konjunkturanalyse mit univariaten Ansätzen kann etwa die Reihe des Bruttoinlandsprodukts hinreichend sein. Allerdings ist eine Mindestlänge der Zeitreihe erforderlich, die eine Verknüpfung der verfügbaren gesamtdeutschen Zahlen ab dem Jahre 1991 mit den westdeutschen Daten vor dem Jahre 1991 notwendig macht.

Zu den *symptomatischen Ansätzen* zählt insbesondere das Untersuchungsobjekt dieser Arbeit — der Indikatorenansatz: Anhand der beobachteten Regelmäßigkeit im zyklischen Verhalten von Konjunkturindikatoren, die in enger Beziehung zur Entwicklung der wirtschaftlichen Aktivität stehen, lassen sich vor allem bevorstehende Umkehrpunkte als ein wichtiger Aspekt der Konjunkturprognose ausmachen.

1.4 Historie der Konjunkturindikatorforschung

Am Ende des **ersten Kapitels** — nachdem diese Arbeit zunächst anhand des Phänomens Konjunktur aufgefächert und dann durch den Blick auf Möglichkeiten zur Konjunkturprognose zielführend eingeengt wurde — soll nun speziell auf die Konjunkturindikatorforschung fokussiert werden, in deren historische Entwicklung sich der Aufbau dieser Arbeit einbettet. Im Rahmen der Konjunkturforschung zählt der Indikatorenansatz zu den ältesten Methoden der Diagnose und Prognose von zyklischen Schwankungen der gesamtwirtschaftlichen Aktivität. Seit über 100 Jahren wird bei diesen Ansätzen versucht, der fundamentalen Probleme — Selektion und Aggregation der zur Verfügung stehenden Einzelindikatoren — Herr zu werden. Allerdings sind bezüglich der Intensität, mit der diese Forschungsrichtung betrieben wurde, deutliche Wellen zu beobachten: Nach anfänglichen erfolgversprechenden Versuchen war die Ernüchterung über das Versagen der Gesamtindikatoren bei der Weltwirtschaftskrise Ende der zwanziger Jahre derart groß, daß erst nach dem Zweiten Weltkrieg in den Vereinigten Staaten beim NBER wieder intensive Arbeiten aufgenommen wurden.

In Deutschland kam die Konjunkturindikatorforschung zu Beginn der siebziger Jahre im Zuge der Veröffentlichung eines Gesamtindikators durch den Sachverständigenrat zur Begutachtung der gesamtwirtschaftlichen Entwicklung voran. Vor dem Hintergrund einer in den sechziger Jahren insgesamt keynesianisch geprägten Wirtschaftspolitik wurde als eine Konsequenz der ersten Nachkriegsrezession im Jahre 1967 eine konjunkturpolitische Globalsteuerung im Rahmen des Stabilitätsgesetzes propagiert [RICHTER (1998), S. 9]. Damit war die Vorstellung verbunden, daß die wirtschaftspolitischen Entscheidungsträger antizyklische Konjunkturpolitik betreiben könnten und müßten. In Anbetracht des damals anerkannten Paradigmas, nachdem es grundsätzlich möglich erschien, die Entwicklung der Volkswirtschaft nachfragepolitisch zu steuern, sollten die Gesamtindikatoren als Instrument zur Terminierung der entsprechenden Maßnahmen zur Globalsteuerung dienen. Kritische Anregungen zum Gesamtindikator des Sachverständigenrates führten zu weiteren Ansätzen mit der Anwendung neuer Konstruktionsmethoden.

Ab Mitte der siebziger Jahre ebbte das Interesse an konjunkturellen Gesamtindikatoren wieder ab. Dies war nicht zuletzt Ausdruck des mangelnden Erklärungsgehalts des damals herrschenden Paradigmas für die Rezession in Folge des ersten Ölpreisschocks um den Jahreswechsel 1973/74. Es handelte sich um eine angebotsseitige Verteuerung des Produktionsfaktors Energie und nicht um einen Nachfrageausfall, auf den mit Globalsteuerung hätte reagiert werden können. Konkret beanspruchten die erdölexportierenden Länder damals einen größeren Anteil des deutschen Produktionspotentials. Dieser Anteil stand nicht mehr zur Verteilung, so daß die Gewerkschaften in dem vermeintlichen Glauben an einen Nachfragemangel durch zweistellige Tariflohnabschlüsse zur Stärkung der Massenkaufkraft die Lage in Deutschland durch weitere kostenseitige Belastungen für die Unternehmen sogar noch verschärften. Zudem kamen nach dem Zusammenbruch des Wechselkurssystems von Bretton Woods im Jahre 1973 Stimmen auf, die sowohl von der Geldpolitik als auch besonders von der Finanzpolitik eine Verstetigung ihres Handelns erwarteten.

Stellvertretend für den Paradigmenwechsel in der Wirtschaftspolitik sei die Entwicklung der angebotspolitischen Konzeption des Sachverständigenrates zur Begutachtung der gesamtwirtschaftlichen Entwicklung in seinem Jahresgutachten 1976/77 angeführt [SACHVERSTÄNDIGENRAT (1976), Ziffern 309 f.]. Daß angesichts dessen der Indikatorenansatz in den konjunkturpolitischen Hintergrund rückte ist weniger Ausdruck einer gestiegenen Skepsis gegenüber den Prognosen als vielmehr eines mangelnden Vertrauens in die stabilisierende Kraft der Wirtschaftspolitik. Kurz: Der Steuerungsoptimismus und damit der Prognoseoptimismus waren verlorengegangen [HÜTHER (1996), S. 177].

Hingegen ist in den neunziger Jahren eine bislang andauernde Renaissance des Indikatorenansatzes auszumachen (Schaubild 1/3). Dieser neuerliche Bedeutungsgewinn läßt sich nicht ähnlich plausibel auf einen erneuten konjunkturpolitischen Kurswechsel zurückführen. Es lassen sich vielmehr verschiedene Argumente anführen: Berücksichtigt man, daß der Anstoß diesmal nicht direkt von der Wissenschaft ausging, sondern von großen Tageszeitungen, dann mag das Bedürfnis eine Rolle gespielt haben, die Flut der verfügbaren Informationen leicht vermittelbar zu verdichten. Zudem stellten vergleichsweise kurze Stützzeiträume oder unzureichend verläßliche statistische Datenbasen, etwa für die neuen Bundesländer oder den Euro–Währungsraum, den Prognostiker bei der Verwendung ökonometrischer modellgestützter Schätzgleichungen vor kaum lösbare Probleme. Nicht zuletzt bei einem solchen Mißverhältnis von Informationsbedarf und Datenverfügbarkeit erweist sich der Indikatorenansatz als ein recht flexibles Analyseinstrument [VAN SUNTUM (1998a), S. 95].

Schaubild 1/3: Ausgewählte Beiträge der Konjunkturindikatorforschung

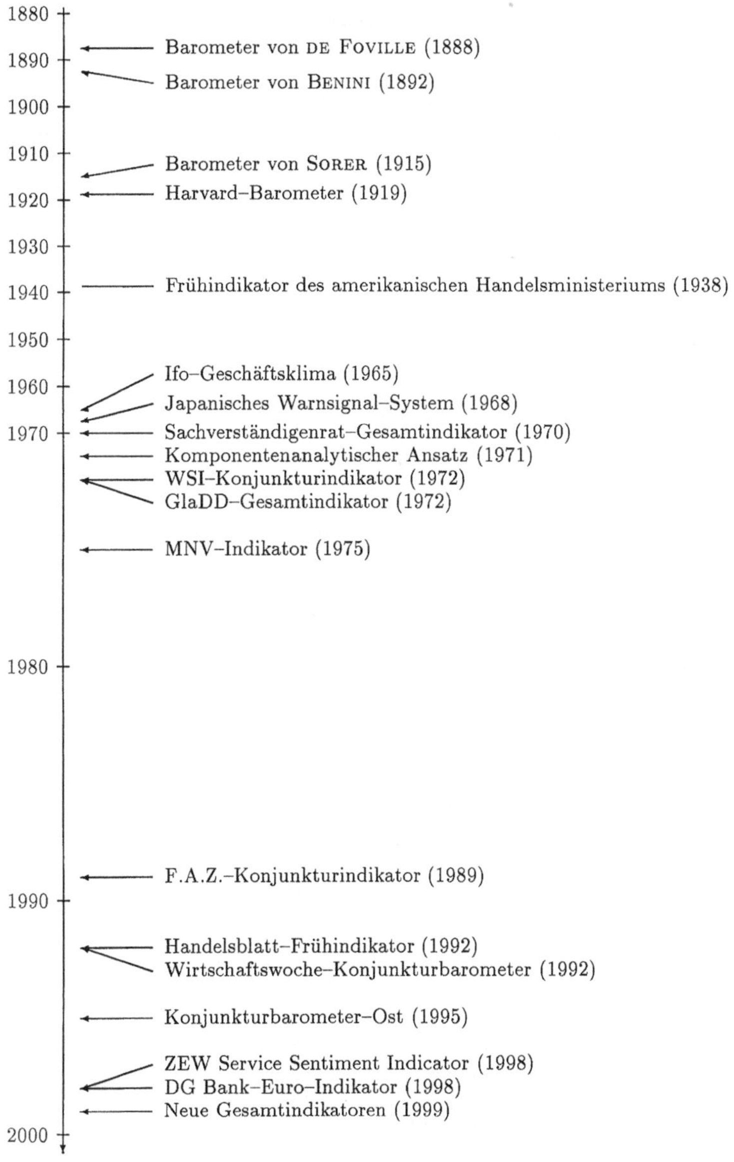

In den Ursprüngen der Konjunkturindikatorforschung entstand der Begriff des Konjunkturbarometers aus der Vorstellung, über die graphische Aufbereitung zyklischer Zeitreihen eine Prognose der Wirtschaftstätigkeit vornehmen zu können.[3] Damals war die aggregierte Statistik nur sehr schwach entwickelt; unser heutiges System Volkswirtschaftlicher Gesamtrechnungen gab es nicht einmal dem Konzept nach. Daher wurden wenige, stark schwankende Einzelindikatoren herangezogen wie beispielsweise die Rohwarenpreise und die Roheisenproduktion. Auf dieser Basis wurden die Zyklen abgegrenzt.

Der wohl älteste Versuch, das Zusammenspiel verschiedener Einzelindikatoren zu veranschaulichen, geht auf den französischen Statistiker DE FOVILLE zurück. Den Jahreswerten von 32 Reihen für den Zeitraum der Jahre 1877 bis 1887 wurden dabei Zensuren im Sinne des sozialen Wohlergehens in einem farbigen Tableau gegeben, wobei es sich insgesamt um ein sehr einfaches Verfahren handelte [DE FOVILLE (1888), S. 246 ff.]. Für Italien führte BENINI vergleichbare Untersuchungen durch. Auf der Basis von 90 ausgewählten Zeitreihen für die Jahre 1881 bis 1890 wurden schließlich 51 Indikatoren graphisch aufbereitet [BENINI (1892), S. 151]. Einen etwas fortschrittlicheren Ansatz verfolgte SORER für Österreich mit Daten für die Jahre 1882 bis 1911. Es wurden aus 39 Einzelreihen bereits drei Gruppen von Indikatoren entsprechend ihres Zusammenhangs gebildet [SORER (1915), S. 780].

Zu großer Bekanntheit, ob seines unrühmlichen Endes, ist das Harvard–Barometer gelangt [PERSONS (1919), S. 111 ff.]. Auf methodisch anspruchsvollerer Ebene als bisher wurden aus über 50 Reihen zunächst 23 Zeitreihen, die als Monatsdaten über einen längeren Zeitraum vorlagen, intensiv untersucht; dazu gehörte auch eine Trendbereinigung (Kleinst–Quadrate–Methode) und eine Saisonbereinigung (Saisonindizes). Schließlich fanden beim Indikatorensystem des Harvard–Instituts 20 Zeitreihen Verwendung, die ähnliche zyklische Schwankungen aufwiesen. Entsprechend ihres zeitlichen Verlaufs wurden sie in fünf Gruppen zusammengefaßt. Um ein noch klareres Bild der zyklischen Schwankungen zu erhalten, wurden in einem letzten Schritt nur noch 13 Reihen zu drei Indikatorengruppen zusammengesetzt: Ausgegangen wurde davon,

---

3) Ein umfangreicher Überblick über die Anfänge der Konjunkturbarometer findet sich bei WAGEMANN (1928), S. 105 ff.

daß die Effektenmärkte den Gütermärkten und diese den Geldmärkten vorauslaufen. Für den Zeitraum der Jahre 1903 bis 1914 wiesen die entsprechenden Kurvenverläufe darauf hin, daß es sich um ein zuverlässiges Analyseinstrument handelte. Allerdings war bereits ab Mitte der zwanziger Jahre die zeitliche Abfolge der drei Kurven weniger stringent geworden. Letztlich scheiterte das Harvard–Barometer bei der Vorhersage der Weltwirtschaftskrise im Jahre 1929, als es noch im September 1929 einen Aufschwung anzeigte.

Federführend für die Konjunkturindikatorforschung in den Vereinigten Staaten war und ist das National Bureau of Economic Research mit Ökonomen wie BURNS, MITCHELL, MOORE und ZARNOVITZ. Zwei nachhaltige Impulse für den Indikatorenansatz gingen von dem Auftrag des amerikanischen Finanzministeriums aus dem Jahre 1937 an das NBER aus, mit Hilfe eines statistischen Modells das Ende der wirtschaftlichen Depression vorherzusagen. Bereits im darauffolgenden Jahr wurde auf der Basis umfangreicher empirischer Untersuchungen ein System von Konjunkturindikatoren vorgestellt [MITCHELL/BURNS (1938)]. Diese Studie beinhaltete ein geschlossenes System von Kriterien zur Selektion der entsprechenden Einzelreihen. Im **zweiten Kapitel** dieser Arbeit, der das Selektionsproblem diskutiert, bilden neben einer Systematisierung der Einzelindikatoren die damaligen Ergebnisse des NBER einen Schwerpunkt; vor dem Hintergrund dieser Kriterien und aktueller empirischer Beobachtungen schließen sich ausgewählte Konjunkturindikatoren an, die im Hinblick auf ihre Eignung als Einzelreihen für die im Rahmen dieser Arbeit neu konstruierten Gesamtindikatoren vorgestellt werden.

Im NBER wurde darüber hinaus ein vorlaufender Gesamtindikator für das Handelsministerium der Vereinigten Staaten konstruiert. Der damals zwölf Einzelindikatoren umfassende Frühindikator wurde im Jahre 1938 erstmals veröffentlicht und seitdem mehrfach intensiv überarbeitet. Die Auswahl der Einzelindikatoren wurde letztmals im Jahre 1989 verändert [HERTZBERG/BECKMAN (1989)]. Vier Jahre später wurde die letzte methodische Revision des Frühindikators vorgenommen [GREEN/BECKMAN (1993)]. Bemerkenswert ist, daß dieser monatlich veröffentlichte Gesamtindikator des amerikanischen Handelsministeriums nach wie vor eine sehr große Beachtung in der laufenden Konjunkturbeobachtung in den Vereinigten Staaten findet.

In den Arbeiten des NBER wurden auch Methoden zur Aggregation der Einzelreihen in Form der sogenannten Diffusionsindexbildung vorangebracht. In Anlehnung daran wurden in Japan ab dem Jahre 1957 empirische Untersuchungen angestellt; ab dem Herbst 1960 veröffentlichte die staatliche Economic Planning Agency monatlich einen Diffusionsindex, der in der Folge mehrfach revidiert wurde. Im Jahre 1968 wurde mit dem Warnsignal–System in Japan eine neue Konstruktionsmethode vorgestellt [LÖRCHER (1972), S. 111 ff.]: Zwölf ausgewählte Variablen gaben dabei rote, gelbe oder grüne Signale, je nachdem, ob sich die wirtschaftliche Aktivität überhitzt, in ruhigen Bahnen verläuft oder aber in der Rezession befindet, so daß entsprechende antizyklische Politikmaßnahmen angezeigt scheinen.

Mit der Veröffentlichung eines konjunkturellen Gesamtindikators für Deutschland durch den Sachverständigenrat zur Begutachtung der gesamtwirtschaftlichen Entwicklung im Jahre 1970 kam hierzulande eine intensive Diskussion in Gang.[4)] Aus der Kritik an diesem Ansatz heraus sind verschiedene Gesamtindikatoren entwickelt worden, die sich eingruppieren lassen in die Konstruktionsmethoden Signalwertmethode, Standardisierungsverfahren und Komponentenanalyse [FELDSIEPER (1978), S. 116 f.]. Zusammen mit der Methode der Diffusionsindexbildung wird dieses Schema im **dritten Kapitel** bei der Behandlung des Aggregationsproblems erläutert, und die einzelnen Ansätze werden einer vergleichenden Beurteilung unterzogen.

Ausgangspunkt für die Renaissance der Gesamtindikatoren in den neunziger Jahren in Deutschland waren die Indikatoren in der *Frankfurter Allgemeine Zeitung* und im *Handelsblatt*, die dieses anschauliche Analyseinstrument einer

4) Direkt an diesen Gesamtindikator knüpft eine Reihe von Versuchen Statistischer Landesämter an. Die Gesamtindikatoren in vier Statistischen Landesämtern waren eng an den des Sachverständigenrates angelehnt mit nur geringen Anpassungen vor allem hinsichtlich der zur Verfügung stehenden Zeitreihen und besonderer landestypischer Strukturen: Dies gilt für Niedersachsen [VANDREY (1971)], für Rheinland–Pfalz [GEBAUER (1972)], für Bayern [DANNER/WAGNER (1977)] und für Baden–Württemberg [KAH (1975), WALTER (1992, 1993)]. Anfangs wurde auch in Nordrhein–Westfalen der Ansatz des Sachverständigenrates weitgehend übernommen, es folgten dann aber aufwendigere Weiterentwicklungen durch den Einsatz zeitreihenanalytischer und faktorenanalytischer Methoden [SOHN (1972), KÄHMER/SOHN (1974), GERSS (1983, 1984, 1987, 1989, 1992, 1995)]. Im Saarland schließlich wurde ein eigenständiger Ansatz gewählt [REMUS (1984, 1985)].

breiteren Öffentlichkeit präsentieren [VAN SUNTUM (1993a), S. 657 ff.]. In den neunziger Jahren folgte eine Vielzahl von Gesamtindikatoren, die die variable Einsatzfähigkeit konjunktureller Gesamtindikatoren unterstreichen, sei es, daß sie auf unterschiedliche regionale Abgrenzungen ausgerichtet sind (Westdeutschland, neue Bundesländer, Europa), sei es, daß sie die Entwicklung spezieller Sektoren (Dienstleistungen) oder Aggregate (Privater Verbrauch) abbilden, sei es, daß sie besondere Datenquellen verwenden. Die Ausführungen im **vierten Kapitel** bieten ohne Anspruch auf Vollständigkeit einen kritischen Überblick über konjunkturelle Gesamtindikatoren, die bis an den aktuellen Rand — zum Teil in revidierten Versionen — Verwendung finden.

Das Jahr 1999 markiert in zweierlei Hinsicht einen Bruch in der amtlichen Statistik, angesichts der Umstellung der Volkswirtschaftlichen Gesamtrechnungen auf das ESVG 95 [EUROSTAT (1996); STROHM ET AL. (1999)]: Zum einen werden die Zeitreihen zunächst lediglich bis zum Jahre 1991 zurückgerechnet, Deutschland hat sich eine Ausnahme einräumen lassen und wird die grundsätzlich geforderte Rückrechnung bis zum Jahre 1970 später vornehmen. Zum anderen gibt es zeitnah nur noch Daten für Gesamtdeutschland. Eine separate Betrachtung Westdeutschlands und Ostdeutschlands ist nur noch mit großer zeitlicher Verzögerung auf der Basis der Berechnungen des Arbeitskreises Volkswirtschaftlicher Gesamtrechnungen der Länder möglich [HAX (1998), S. 22]. Vor diesem Hintergrund werden im **fünften Kapitel** sowohl für die beiden Gebietsstände als auch für Deutschland insgesamt drei neue konjunkturelle Gesamtindikatoren vorgestellt, die das Selektionsproblem und das Aggregationsproblem unter Berücksichtigung der Kritik an den existierenden Gesamtindikatoren lösen.

2 Das Selektionsproblem

Bei der Konstruktion eines konjunkturellen Gesamtindikators ist zunächst das Selektionsproblem zu lösen. Es geht darum, ökonomische Zeitreihen auszuwählen, die das Phänomen „Konjunktur“ — verstanden als mehr oder weniger regelmäßige mehrjährig andauernde Schwankungen der wirtschaftlichen Aktivität — möglichst zeitnah und zutreffend beschreiben. Die Konjunktur ist eine vielschichtige und komplexe, aber nicht direkt beobachtbare Größe. Eine derartige latente Variable kann durch beobachtbare (manifeste) Variablen zu erklären versucht werden; in diesem Zusammenhang spricht man von Indikatoren [RINNE (1996), S. 517]. Übertragen auf eine Definition von Konjunkturindikatoren heißt das [POSER (1977), S. 214]:

> *„Konjunkturindikatoren spiegeln gleichsam als Stellvertreter einer theoretisch und empirisch nicht voll faßbaren wirtschaftlichen Gesamtsituation unterschiedliche Aspekte wider.“*

Im Verlauf dieses Kapitels werden nach einer Systematisierung von Konjunkturindikatoren die bei der Lösung des Selektionsproblems anzulegenden Kriterien vorgestellt, da durch diese die Grundlage für die Aussagekraft eines Gesamtindikators geschaffen wird: Das Ergebnis kann nur so gut sein wie die Basis, die Bedeutung der hier skizzierten Selektion kann daher kaum überschätzt werden. Die statistische Datenbasis der empirischen Wirtschaftsforschung stellt häufig einen Engpaßfaktor bei der Konjunkturanalyse dar, denn in der Praxis sind nicht alle Daten hinreichend zuverlässig und leicht beschaffbar [WINKER (1997), S. 7 ff.]. Aus diesen Grund werden am Ende dieses Abschnitts einige konjunkturelle Einzelindikatoren vorgestellt, aus denen im fünften Kapitel die tragfähigen Reihen für die Konstruktion von drei neuen Gesamtindikatoren herausgezogen werden.

2.1 Systematisierung der Einzelindikatoren

2.1.1 Referenzreihen

Der Referenzreihe kommt beim Indikatorenansatz eine zentrale Bedeutung zu. Es handelt sich dabei um eine Zeitreihe als meßbaren Ausdruck des Konjunkturphänomens, die die entsprechenden Schwankungen der gesamtwirtschaftlichen Aktivität widerspiegelt. Die Referenzreihe dient bei der Lösung des Selektionsproblems als Maßstab zur Auswahl geeigneter Einzelindikatoren. Für die Systematisierung ökonomischer Zeitreihen und die weitere Argumentation in dieser Arbeit seien zwei Reihen vorgestellt, die üblicherweise herangezogen werden, um den Ist–Zustand der wirtschaftlichen Entwicklung anzuzeigen. Es sind dies als Referenzreihen der *Index der industriellen Nettoproduktion* und das *Bruttoinlandsprodukt*, die beide vom Statistischen Bundesamt ermittelt werden.

Der *Index der industriellen Nettoproduktion* wird monatlich berechnet und bietet einen relativ zeitnahen Eindruck von der aktuellen Lage in einem Sektor. Dem Zielkonflikt von Aktualität und Zuverlässigkeit der Daten als Anforderungen der Konjunkturbeobachter versucht die amtliche Statistik dadurch zu begegnen, daß zunächst am Anfang eines Monats für den Vorvormonat vorläufige Indexwerte veröffentlicht werden. Im Folgemonat werden die Werte auf einer breiteren Basis fußend einmalig revidiert. Insgesamt ist zu konstatieren, daß es sich beim Index der industriellen Nettoproduktion um eine Näherungsrechnung handelt, wobei die monatliche Bereitstellung mit konstruktionsbedingten Problemen verbunden ist [VON DER LIPPE (1996), S. 311 ff.]. Denn um die reale Wertschöpfung ermitteln zu können, müßte der Bruttoproduktionswert abzüglich der Vorleistungen monatlich zur Verfügung stehen; diese Größen der Volkswirtschaftlichen Gesamtrechnungen liegen allerdings nur vierteljährlich mit entsprechendem Zeitverzug vor. Für die Zwecke der Konjunkturbeobachtung werden die sich ergebenden Ungenauigkeiten insgesamt allerdings durch den Vorteil der monatlichen Verfügbarkeit überkompensiert.

Freilich muß es vordergründig als Nachteil dieser Referenzreihe erachtet werden, daß von dem in dieser Arbeit verwendeten *Index der industriellen Nettoproduktion im Produzierenden Gewerbe (ohne Bauleistungen)* nurmehr etwa ein Drittel der gesamtwirtschaftlichen Wertschöpfung erfaßt wird. Daß der Anteil schon seit Jahrzehnten rückläufig ist, liegt vor allem an dem überdurchschnittlich expandierenden Dienstleistungssektor. Indes ist zu berücksichtigen, daß der Industriesektor besonders konjunkturreagibel ist, die Richtung und Intensität der gesamtwirtschaftlichen Schwankungen immer noch dominiert und auf andere Bereiche ausstrahlt. Dies erklärt sich auch dadurch, daß der große Teil der produktionsnahen Dienstleistungen unmittelbar von der gewerblichen Produktion abhängt. Da es zudem an einer schlüssigen monatlichen Dienstleistungsstatistik als wichtige Ergänzung zur Erfassung der realen Wertschöpfung bislang fehlt, besteht auf monatlicher Basis keine Alternative zur Referenzreihe der industriellen Nettoprodukion.

Das *Bruttoinlandsprodukt* ist definiert als die Summe aller Waren und Dienstleistungen, die innerhalb eines Jahres erwirtschaftet werden. Es ist damit ein ungleich breiteres Aggregat als Referenzreihe, das von der amtlichen Statistik im Rahmen der Volkswirtschaftlichen Gesamtrechnungen ermittelt wird, womit es sich um ein monetäres Bewertungssystem für marktmäßige Transaktionen handelt, das demzufolge Schwarzarbeit, Nachbarschaftshilfe und ehrenamtliche Tätigkeiten nur unzureichend erfaßt. Der bedeutsamste Nachteil dieser Referenzreihe besteht darin, daß sie nur quartalsweise mit deutlicher Verzögerung von gut zwei Monaten gegenüber der Berichtsperiode vorliegt. Zusätzlich ist das Bruttoinlandsprodukt mehrfach zum Teil erheblichen Revisionen unterworfen [RINNE (1997b), S. 314 ff.]. Ein besonders einprägsames Beispiel mag die erste große Rezession in der Bundesrepublik Deutschland im Jahre 1967 sein, die aufgrund von Datenrevisionen aus heutiger Sicht in den Volkswirtschaftlichen Gesamtrechnungen kaum mehr zu erkennen ist. Ungeachtet dessen sollen die am Ende dieser Arbeit neu konstruierten Gesamtindikatoren letztlich auf den Verlauf des Bruttoinlandsprodukts abzielen, wenngleich zur Selektion und Aggregation zunächst die monatlich verfügbare Referenzreihe der Nettoproduktion als Maßstab Verwendung findet.

2.1.2 Zeitlicher Verlauf

Das wichtigste Gliederungskriterium für Konjunkturindikatoren ist ihr temporärer Zusammenhang mit der hier zugrundeliegenden Referenzreihe, dem

Index der industriellen Nettoproduktion (Schaubild 2/1). Eine besondere Bedeutung kommt dem stabilen Vorlauf an den konjunkturellen Umkehrpunkten zu [WINKER (1997), S. 67 f.].

Schaubild 2/1: Unterscheidung der Indikatoren nach dem zeitlichen Verlauf

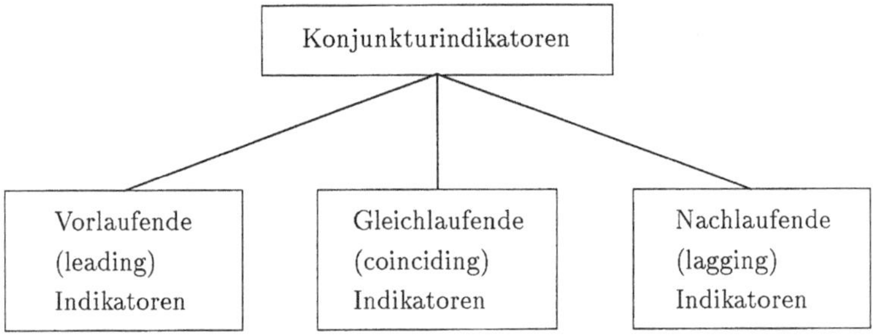

Einige der im ersten Abschnitt dargelegten konjunkturtheoretischen Überlegungen lassen Schlüsse auf den zeitlichen Verlauf einzelner Indikatoren zu. Empirische Beobachtungen weisen als Ausgangspunkt für einen konjunkturellen Aufschwung in Deutschland häufig eine gestiegene Auslandsnachfrage nach [SACHVERSTÄNDIGENRAT (1998), Kasten 2, S. 47 f.]. Dies wirkt sich insbesondere auf die sehr exportorientierte Investitionsgüterindustrie günstig aus, bevor auch andere (Zuliefer–)Bereiche an der Belebung teilhaben.

Einige Zeitreihen zählen zu den *vorlaufenden* Indikatoren, wofür sich ergänzend folgende Gründe anführen lassen [NERB (1996), S. 318 f.]: Zwischen der Produktionsentscheidung, wie sie etwa durch Baugenehmigungen oder Auftragseingänge dokumentiert wird, und der eigentlichen Produktion vergeht in der Regel einige Zeit, die auch von der Anpassungsflexibilität der Unternehmen an Nachfrageschwankungen abhängt. Restriktionen ergeben sich durch einen starken Kündigungsschutz mit der Ausweichreaktion, daß sich die Unternehmen bei positiver Entwicklung mit Überstunden und bei negativer Tendenz mit Kurzarbeit kurzfristig intensitätsmäßig anpassen, woraus für diese beiden Zeitreihen ein Vorlauf vor der allgemeinen Beschäftigungsentwicklung entsteht. Überdies spielen die Erwartungen der Marktteilnehmer eine wichtige Rolle, die durch der Produktion vorgelagerte Entscheidungsprozesse erfaßt werden können. Vielfach werden dazu Umfragen bei Unternehmen und Verbrauchern herangezogen. Ähnlich ist die Begründung bei der Verwendung bestimmter Finanzmarktdaten, ob des zum Teil hohen Gehalts an Erwartungen, der in Aktienkursen, in Wechselkursen und in Rohstoffpreisen steckt. Auch sind einige Reihen in engem Zusammenhang zu wirtschaftspolitischen Maßnahmen mit konjunkturpolitischen Auswirkungen zu sehen, wie Zinsen und Geldmengenaggregate.

Um die Kategorie der *gleichlaufenden* Indikatoren vorzustellen, sei wiederum der Konjunkturzyklus betrachtet. Werden aufgrund der gestiegenen Auftragseingänge die Kapazitäten besser ausgeschöpft oder erweitert, so führt dies unmittelbar zu einem Anstieg der Produktion und des Umsatzes. Demzufolge gehören vor allem die Referenzreihen des Nettoproduktionsindexes und des Bruttoinlandsprodukts dieser Kategorie an. Sie weisen einen parallelen Verlauf zur nicht beobachtbaren Größe „Konjunktur" auf. Mit Hilfe der gleichlaufenden Indikatoren kann demnach die Lage der Volkswirtschaft im Konjunkturzyklus bestimmt werden; ihnen kommt die Aufgabe der Konjunkturdiagnose zu.

Die letzte Gruppe umfaßt die *nachlaufenden* Indikatoren, die zum Beispiel ihren oberen konjunkturellen Umkehrpunkt erreichen, wenn sich die wirtschaftliche Aktivität bereits im Abschwung befindet. Diese Phase ist gekennzeichnet durch steigende Preise, mit denen die Unternehmen die mit Umsatz- und Gewinneinbußen verbundene zurückgehende Produktion ausgleichen wollen. Parallel dazu steigt auch das Lohnniveau, da die Arbeitnehmer an den Gewinnen der zurückliegenden Aufschwungphase teilhaben wollen. Weitere Arbeitsmarktindikatoren wie die Anzahl der Arbeitslosen und die Beschäftigungsentwicklung gehören in diese Kategorie, gleiches gilt für die Anzahl der Unternehmenskonkurse.

Häufig wird den nachlaufenden Indikatoren lediglich eine Kontrollfunktion zugestanden. Jedoch bieten diese nachlaufenden Indikatoren auch eine Möglichkeit zur Prognose. Es handelt sich hauptsächlich um Reihen, die die Kosten der wirtschaftlichen Aktivität widerspiegeln. Da sich hohe Kosten negativ auf die Konjunktur auswirken, liegt eine inverse Beziehung zu den vorlaufenden Indikatoren vor. Anders formuliert: Ein nachlaufender Indikator kann zugleich auch die Funktion eines vorlaufenden Indikators für den nächsten Zyklus übernehmen, abhängig von der Stabilität des diesbezüglichen zeitlichen Zusammenhangs.

2.1.3 Skalenniveau

Ein zweites Unterscheidungsmerkmal für Konjunkturindikatoren ist das Skalenniveau der verwendeten Datenbasis (Schaubild 2/2). *Objektive* Indikatoren gehen aus Erhebungen der amtlichen und privaten (= nicht–amtlichen) Statistik hervor [HUJER/CREMER (1978), S. 78]. So führen beispielsweise das Statistische Bundesamt und die Deutsche Bundesbank, aber auch Wirtschaftsforschungsinstitute Zeitreihen mit kardinalen, objektiv meßbaren Daten. Demgegenüber werden *subjektive* Indikatoren durch Befragungen bezüglich der Erwartungen und Urteile von Unternehmern und Konsumenten gewonnen. Diese ordinalen und nominalen Reihen sind überwiegend das Ergebnis nicht–amtlicher Datenproduktion.

Schaubild 2/2: Unterscheidung der Indikatoren nach dem Skalenniveau

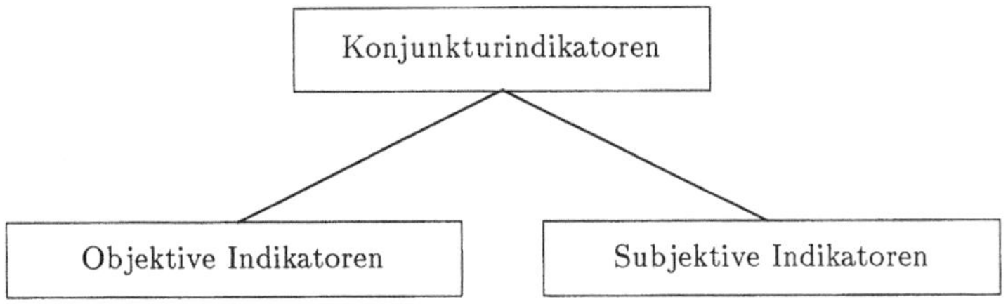

Die subjektiven Einschätzungen bezüglich der Geschäftslage und Konjunkturlage sind Ausgangspunkt des unternehmerischen Entscheidungsprozesses. Darauf folgt die Aufstellung von Plänen, und am Ende dieser Kette stehen Handlungen wie eine Auftragsvergabe oder eine Investitionsentscheidung (Schaubild 2/3). Die Zeit, die bis zum Ablauf dieser Kette vergeht, bedeutet einen informatorischen Vorlauf der subjektiven Indikatoren. Ein zusätzlicher zeitlicher Vorsprung vor den objektiven Indikatoren ergibt sich aus der schnelleren Aufbereitung der Daten [STRIGEL (1985), S. 45].

Schaubild 2/3: Grundlagen subjektiver und objektiver Indikatoren

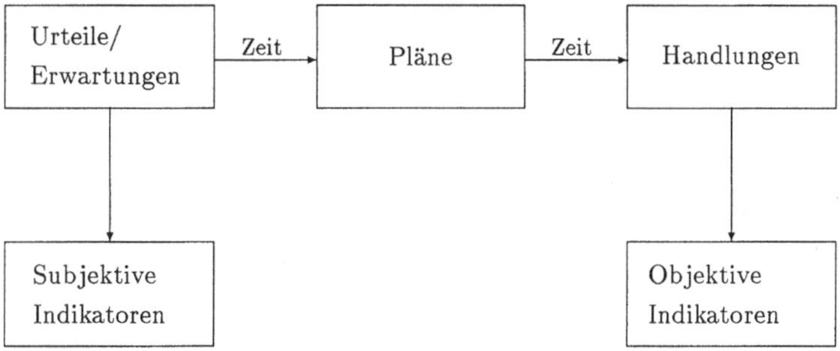

Bei der Erhebung subjektiver Daten geht es aber nicht nur darum, aktuellere Informationen zu erhalten, sondern es ergeben sich auch neue Daten, die die amtliche Statistik nicht liefert [STRIGEL (1972), S. 192]. Eine wesentliche Motivation für die Verwendung subjektiver Indikatoren ist der Einfluß psychologischer Faktoren auf die konjunkturelle Entwicklung. Die Einschätzungen können sich im Zeitablauf ändern. Demzufolge könnte der Rückgriff auf die unternehmerischen Erwartungen aussagekräftiger sein als die Werte der objektiven Indikatoren [STRIGEL (1972), S. 193]. Insgesamt dürfte die gemeinsame Verarbeitung beider Arten von Indikatoren den größten Nutzen für die Konjunkturdiagnose und Konjunkturprognose bringen.

2.1.4 Komplexität des Indikandums

Das dritte und letzte Unterscheidungsmerkmal für Konjunkturindikatoren zielt auf die Komplexität des Indikandums ab (Schaubild 2/4). Unter den *einfachen* Indikatoren werden Einzelreihen subsumiert, die jeweils ein Merkmal der Wirtschaftstätigkeit reflektieren und sich wie beschrieben entsprechend ihres zeitlichen Verlaufs und Skalenniveaus klassifizieren lassen. Demgegenüber wird mit zwei Arten von komplexen Indikatoren versucht, die Konjunktur in ihrer Gesamtheit zu erfassen: zum einen mit *komplexen Indikatoren im engeren Sinn* in Form des gesamtwirtschaftlichen Auslastungsgrads und zum anderen mit konjunkturellen *Gesamtindikatoren.*

Schaubild 2/4: Unterscheidung der Indikatoren nach der Komplexität des Indikandums

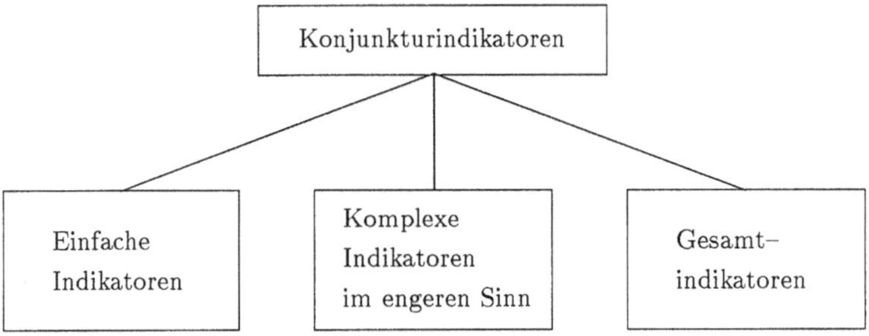

Da Einzelindikatoren sowie deren Verdichtung zu konjunkturellen Gesamtindikatoren in dieser Arbeit umfangreich diskutiert werden, sei hier nur auf die gesamtwirtschaftliche Kapazitätsauslastung eingegangen, die unter anderem zur Abgrenzung von Konjunkturzyklen herangezogen wird. Der Auslastungsgrad ist definiert als die tatsächliche gesamtwirtschaftliche Produktion in Relation zum Produktionspotential, also einer fiktiven Produktion bei Vollauslastung der Produktionsfaktoren. In Deutschland beschäftigen sich nur wenige Stellen mit der Berechnung eines gesamtwirtschaftlichen Produktionspotentials. Es sind dies vor allem der Sachverständigenrat zur Begutachtung der gesamtwirtschaftlichen Entwicklung und die Deutsche Bundesbank. Der Sachverständigenrat verwendet einen Ein-Faktor-Ansatz, bei dem im Kern die potentielle Bruttowertschöpfung im Unternehmenssektor (ohne Land- und Forstwirtschaft, Fischerei sowie Wohnungsvermietung) aus dem Kapitalstock und der potentiellen (als trendmäßigen) Kapitalproduktivität ermittelt wird [SACHVERSTÄNDIGENRAT (1995), Ziffern 50 ff.]. Für alle übrigen Bereiche wird Vollauslastung unterstellt, also die potentielle Bruttowertschöpfung der realisierten Bruttowertschöpfung gleichgesetzt. Demgegenüber verwendet die Deutsche Bundesbank zur Berechnung des Produktionspotentials des Unternehmenssektors (ohne Wohnungsvermietung) eine CES-Produktionsfunktion [DEUTSCHE BUNDESBANK (1995), S. 55 ff.].

2.2 Auswahlkriterien des National Bureau of Economic Research

2.2.1 Anforderungen an einen Konjunkturindikator

Das Selektionsproblem des Indikatorenansatzes besteht darin, aus der Vielzahl ökonomischer Zeitreihen solche auszuwählen, die den Konjunkturverlauf in der gewünschten Weise widerspiegeln. Diese Zeitreihen können dann als Konjunkturindikatoren verwendet werden. Für deren Einsatzfähigkeit bei der Konjunkturdiagnose und der Konjunkturprognose sind zunächst die Charakteristika eines „idealen" Konjunkturindikators festzulegen. Darauf aufbauend wird im folgenden ein System vorgestellt, anhand dessen die Eignung der Einzelreihen als Konjunkturindikatoren untersucht wird.

Federführend für die Lösung des Selektionsproblems auf diesem Wege war das NBER. Grundlage der umfangreichen Arbeiten von BURNS und MITCHELL waren 487 ökonomische Zeitreihen. Zum Zwecke der Selektion formulierten sie im Jahre 1938 fünf Eigenschaften eines „idealen" Konjunkturindikators [MITCHELL/BURNS (1938), S. 3]:

1. Die Zeitreihe liegt für mindestens 50 Jahre vor, so daß die Beziehung zum Konjunkturzyklus unter verschiedenen Bedingungen analysierbar ist.

2. Die Zeitreihe läuft der konjunkturellen Entwicklung drei Monate — besser noch sechs Monate — fest voraus. Die zeitlichen Vorläufe am oberen und unteren Umkehrpunkt müssen dabei nicht identisch sein.

3. Die Zeitreihe zeigt keine zufälligen Schwankungen. Sie hat einen glatten Verlauf bei Aufschwüngen und Abschwüngen, so daß Richtungsänderungen auf konjunkturelle Umschwünge zurückzuführen sind.

4. Die Zeitreihe weist deutlich ausgeprägte Konjunkturschwankungen auf, so daß aufgrund ihrer Amplitude Aussagen über die Intensität des Konjunkturumschwungs möglich sind.

5. Die Zeitreihe ist mit der gesamtwirtschaftlichen Entwicklung derart eng verbunden, daß darauf vertraut werden kann, daß sie auch in Zukunft ihr Verhalten gegenüber der konjunkturellen Entwicklung beibehält.

Es zeigte sich, daß keine der 487 Zeitreihen all diese Anforderungen erfüllen konnte. Daher wurden 71 Reihen ausgewählt, die insbesondere hinsichtlich ihres zeitlichen Zusammenhangs als zuverlässig erachtet wurden. BURNS und MITCHELL stützten sich dabei auf die sogenannte „Zwei–Drittel–Regel", nach der eine Zeitreihe entsprechend ausgewählt wurde, wenn in mindestens zwei von drei Fällen die Umkehrpunkte entweder vor–, gleich– oder nachlaufend waren [MITCHELL/BURNS (1938), S. 4]. Eine kritische Analyse der 71 Reihen ließ weiterhin erkennen, daß Unterschiede bezüglich ihrer Zuverlässigkeit als Konjunkturindikatoren bestanden. Nach einer erneuten Durchsicht wurde die Indikatorenliste um weniger zuverlässige Reihen gekürzt. Dabei sollte allerdings nicht auf eine Erfassung des gesamten Spektrums der wirtschaftlichen Aktivität verzichtet werden.

Diesem Ziel pragmatisch folgend, entstanden — abgeleitet aus den obigen fünf Eigenschaften eines „idealen" Indikators — elf Faktoren, die ceteris paribus einen vorlaufenden Konjunkturindikator um so wertvoller werden lassen [MITCHELL/BURNS (1938), S. 5 ff.],

1. je länger der durchschnittliche Vorlauf in der Vergangenheit ist,
2. je gleichförmiger die Vorläufe bezüglich ihres Auftretens und ihrer Länge sind,
3. je enger der Zyklus der Zeitreihe mit dem Konjunkturzyklus korrespondiert,
4. je deutlicher der Zyklus der Zeitreihe definiert ist,
5. je geringer die zufälligen Schwankungen im Verhältnis zu der Amplitude der Zeitreihe sind,
6. je weniger Richtungsänderungen von Monat zu Monat auftreten,

7. je geringer und regelmäßiger die Saisonschwankungen sind, um die die Reihen bereinigt werden müssen,

8. je mehr Umkehrpunkte in der Vergangenheit abgedeckt werden,

9. je weiter etwaige Störungen der Konformität gegenüber dem Konjunkturzyklus zurückliegen,

10. je besser die wirtschaftliche Aktivität abgedeckt wird,

11. je stabiler die ökonomische Bedeutung des repräsentierten Prozesses ist.

Eine reine Ceteris–paribus–Betrachtung ist natürlich kaum möglich, da die Wirtschaft permanent Veränderungen unterliegt. Dennoch halfen diese elf Faktoren BURNS und MITCHELL, die 21 zuverlässigsten Konjunkturindikatoren für weitere Arbeiten herauszukristallisieren; davon ausgehend wurden revidierte Indikatorenlisten in den Jahren 1950 und 1960 aufgestellt [SCHIEFER (1968), S. 16 ff.]

2.2.2 Ein Punktbewertungssystem

Die Selektion von Konjunkturindikatoren wurde in einigen weiteren Studien des NBER verbessert, mit den Arbeiten von MOORE und SHISKIN sowie ZARNOVITZ und BOSCHAN wurde ein differenziertes Punktbewertungssystem entwickelt [MOORE/SHISKIN (1967), S. 12 ff.]. Dieser Ansatz wurde später aufgegriffen und für Nachkriegszeitreihen der Jahre 1947 bis 1975 überarbeitet [ZARNOVITZ/BOSCHAN (1975), S. VI ff.]. Aus den fünf Eigenschaften des „idealen" Konjunkturindikators werden sechs im folgenden näher erläuterte Hauptbeurteilungskriterien abgeleitet, für die darüber hinaus Subkriterien definiert werden (Schaubild 2/5). Jede Zeitreihe wird auf diese Subkriterien hin untersucht und differenziert bewertet. Mit Hilfe der Subkriterien ergibt sich jeweils eine Punktsumme für die sechs Hauptbeurteilungskriterien, die wiederum entsprechend ihrer relativen Bedeutung gewichtet und zur Gesamtpunktzahl eines Einzelindikators addiert werden.

Schaubild 2/5: Die Kriterien des Selektionsverfahrens des NBER

- Gesamtpunktzahl einer Einzelreihe (max. 100)
  - Ökonomische Bedeutung $16,\bar{6}\%$
    - makroökonomische Aggregate (90–100)
    - Komponenten makroökonomischer Aggregate (80–90)
    - symptomatische Konjunkturvariablen (70–80)
  - Statistische Eignung $16,\bar{6}\%$
    - Qualität des Berichtssystems (0–15)
    - Erhebungsumfang (0–15)
    - Abdeckung des Beobachtungszeitraums (0–10)
    - Verfügbarkeit von Fehlerschätzungen (0–5)
    - Häufigkeit von Revisionen (0–20)
    - Länge der Zeitreihen (0–15)
    - Vergleichbarkeit im Zeitablauf (0–15)
    - andere Faktoren (0–5)
  - Konjunkturkonformität $16,\bar{6}\%$
    - Wahrscheinlichkeit (0–50)
    - Extraschwankungen (0–30)
    - Amplitudenstärke (0–20)
  - Verlauf an Umkehrpunkten $26,\bar{6}\%$
    - oberer Umkehrpunkt
      - Wahrscheinlichkeit (0–40)
      - Streuung (0–10)
    - unterer Umkehrpunkt
      - Wahrscheinlichkeit (0–40)
      - Streuung (0–10)
  - Verlaufsglätte $13,\bar{3}\%$
    - MCD-Maß (Months of Cyclical Dominance) (0–100)
  - Aktualität 10%
    - Schnelligkeit der Veröffentlichung (0–80)
    - Häufigkeit der Veröffentlichung (0–20)

Quelle: Vgl. ZARNOVITZ/BOSCHAN (1975), S. VII.

a) Ökonomische Bedeutung

Mit dem Kriterium der ökonomischen Bedeutung (Economic Significance) wird versucht, eine weitreichende Verbindung zwischen Konjunkturtheorie und Indikatorenansatz zu gewährleisten. Die Möglichkeit, den Verlauf einer ökonomischen Reihe konjunkturtheoretisch zu erklären, läßt darauf vertrauen, daß der Indikator auch künftig Entwicklungen wie bisher anzeigen wird. Die Messung oder Bewertung der ökonomischen Bedeutung stellt jedoch ein Problem dar, das pragmatisch zu lösen versucht wird. Es werden neun ökonomische Teilklassen definiert, die möglichst breit die Ursachen konjunktureller Schwankungen abdecken sollten (Beschäftigung und Arbeitslosigkeit; Produktion und Einkommen; Anlageinvestitionen; Konsum, Sparen, Einkommensverteilung; Lagerbestand und Lagerinvestitionen; Preise, Kosten, Gewinne; Geld und Kredit; Außenhandel; Staatsaktivitäten).

ZARNOWITZ/BOSCHAN arbeiten mit einer nur sehr groben Differenzierung. Danach unterteilen sie die Reihen in drei Bewertungsstufen: Zusammengefaßt werden zur ersten Stufe globale Input- und Outputaggregate. Die zweite Bewertungsstufe bilden wichtige Komponenten der Globalgrößen aus der ersten Stufe sowie weitere kausale Konjunkturvariablen. Die dritte Stufe enthält Reihen mit eher symptomatischem als kausal erklärendem Charakter. Die Punkteintervalle liegen oberhalb von 70 Punkten, da es sich natürlich ganz grundsätzlich um wichtige ökonomische Zeitreihen handelt. Somit fallen die einzelnen Abstufungen gering aus. Dies ist ein Indiz dafür, wie schwer eine differenzierte Aussage über die ökonomische Bedeutung einzelner Reihen zu treffen ist, und wie problematisch es ist, konjunkturtheoretische Zusammenhänge in dieses Selektionsverfahren einzubinden.

b) Statistische Eignung

Im Rahmen der statistischen Eignung (Statistical Adequacy) ist die Qualität der wirtschaftsstatistischen Erfassung und Aufbereitung der Zeitreihen zu bewerten. Genauer: Es geht um die Qualität des statistischen Ausgangsmaterials, also um die Frage, inwieweit die betrachteten Zeitreihen den entsprechenden Ausschnitt der gesamtwirtschaftlichen Aktivität korrekt widerspiegeln. Dazu dienen acht unterschiedlich gewichtete Subkriterien, so daß sich die Punktzahl für die statistische Eignung als Summe der acht Einzelbewertungen ergibt. Letztere fallen um so höher aus,

- je besser die Informationsquelle ist (das heißt, eine Primärstatistik ist höher einzustufen als eine Sekundärstatistik, also höher als eine gegebenenfalls mit einschränkenden Annahmen verbundene Auswertung bereits vorhandener Daten),
- je größer der Erhebungsumfang ist (das heißt, eine Vollerhebung ist besser als eine Teilerhebung, wobei dort die Zufallsstichproben höher eingeschätzt werden als nicht–zufällige Stichproben),
- je besser die zeitliche Abdeckung des Erhebungszeitraums ist (das heißt, im günstigsten Fall werden die Daten über die gesamte Beobachtungsperiode, zum Beispiel einen Monat, erhoben),
- je zuverlässiger die Schätzungen der Erhebungs– und Aufbereitungsfehler sind,
- je seltener es zu Korrekturen der Zeitreihenwerte am aktuellen Rand durch Berücksichtigung neuer Daten kommt (das heißt, häufige Revisionen von vorläufigen Werten reduzieren die Zuverlässigkeit des Indikators),
- je länger der Zeitraum ist, für den die Zeitreihe vorliegt, da so mehr Informationen über das zyklische Verhalten ausgewertet werden können,
- je größer die Vergleichbarkeit der Werte im Zeitablauf ist, da Strukturbrüche die Aussagekraft eines Indikators vermindern,
- je kleiner oben noch nicht erwähnte Probleme sind.

c) Konjunkturkonformität

Zur Bewertung der Konjunkturkonformität (Conformity) wird betrachtet, wie sich eine Zeitreihe im Vergleich zur konjunkturellen Entwicklung verhält. Die Zuverlässigkeit hängt dabei von den drei folgenden Subkriterien ab:

- Mit dem ersten Subkriterium wird versucht, einen Wahrscheinlichkeitswert zu finden, mit dem sich die Konjunkturkonformität der Einzelindikatoren beurteilen läßt. Zunächst gilt es dabei herauszufinden, wie stabil der Verlauf des Indikators gegenüber der Referenzreihe ist. Stabilität deutet auf einen systematischen Zusammenhang zwischen dem Indikator und der Konjunktur hin. Dabei spielt es keine Rolle, ob sich die Reihe prozyklisch oder antizyklisch verhält. Ein einfaches Maß für diesen systematischen Zusammenhang ergibt sich, wenn man die Anzahl der Konjunkturphasen mit nicht–konformem Verlauf — der Indikator verändert sich in eine andere Richtung als die Referenzreihe und mithin die Konjunktur — durch die Gesamtanzahl der beobachteten Phasen dividiert. Bewertungsschwierigkeiten treten hierbei allerdings auf, wenn gleiche Quotienten bei unterschiedlicher Zeitreihenlänge entstehen. Ist beispielsweise eine Reihe mit einer nicht–konformen Entwicklung bei vier Phasen höher einzustufen als eine Reihe, die in acht Phasen zweimal anders verläuft als die Referenzgröße? MOORE hat versucht, diese Frage wahrscheinlichkeitstheoretisch zu beantworten [MOORE (1950), S. 24 ff.]. Seiner Vorgehensweise liegt die Hypothese zugrunde, daß es keinen systematischen Zusammenhang gäbe und die Entwicklung des Indikators von vorangegangenen Konjunkturphasen unabhängig sei. Aus den beiden Annahmen folgt, daß die Wahrscheinlichkeit für das Steigen eines Indikators ebenso $\frac{1}{2}$ beträgt, wie für das Sinken des betrachteten Indikators. Genau dies ist auch die Wahrscheinlichkeit für eine nicht–konforme Entwicklung eines Indikators. Die Zufallsvariable X sei die Anzahl der nicht–konformen Konjunkturphasen einer Zeitreihe bei insgesamt n Konjunkturphasen. Mittels der Binomialverteilung läßt sich die Wahrscheinlichkeit dafür berechnen, daß höchstens k Phasen nicht mit dem Verlauf der Referenzreihe übereinstimmen. Man erhält:

$$P(X \leq k) = \sum_{\nu=0}^{k} \binom{n}{\nu} \cdot \left(\frac{1}{2}\right)^{n}. \tag{2.1}$$

Je stärker der systematische Zusammenhang zwischen Indikator und Referenzreihe ist, je kleiner demnach die Anzahl der nicht–konformen

Entwicklungen, desto geringer ist die nach Gleichung (2.1) berechnete Wahrscheinlichkeit. Um die oben gestellte Frage zu beantworten, erhält man zunächst für die kürzere Reihe einen Wahrscheinlichkeitswert von 0,3125. Da jedoch die Wahrscheinlichkeit für zwei abweichende Entwicklungen bei acht Phasen nur 0,1445 beträgt, ist mit diesem Ansatz eine differenzierte Bewertung zugunsten der längeren Reihe möglich. Die Transformation in eine Punkteskala geschieht nach folgender Gleichung [MOORE/SHISKIN (1967), S. 90]:[1)]

$$\text{Punktzahl} = \max\,[250 \cdot (0,2 - P(X \leq k)); 0]\ . \tag{2.2}$$

Die Höchstpunktzahl für dieses Subkriterium beträgt folglich 50 Punkte. Ist der Wahrscheinlichkeitswert größer als 0,2, erhält die Zeitreihe keine Punkte. Trotz dieser anschaulichen Vorgehensweise muß angemerkt werden, daß MOORE selbst Zweifel an der Realitätsnähe der zugrundeliegenden Annahmen und damit an diesem wahrscheinlichkeitstheoretischen Ansatz angemeldet hat [MOORE (1950), S. 25].

- Beim zweiten Subkriterium wird untersucht, wie fest das zyklische Verlaufsmuster gegenüber der konjunkturellen Referenzreihe ist. Diese Betrachtung geht über den systematischen Zusammenhang hinaus. So ist die Zuverlässigkeit einer Zeitreihe um so höher zu bewerten, je weniger vorübergehende (nicht–konjunkturelle) Extraschwankungen zu beobachten sind. Zur Bewertung wird das Verhältnis der Anzahl von Extraschwankungen A zur Anzahl von Umkehrpunkten B nach folgender Vorschrift in eine Punkteskala transformiert [MOORE/SHISKIN (1967), S. 90]:

$$\text{Punktzahl} = \max\left[120 \cdot \left(0,25 - \frac{A}{B}\right); 0\right]\ . \tag{2.3}$$

[1)] Diese und die folgenden Gleichungen, die der Transformation in eine Punkteskala dienen, wurden an die geänderte Gewichtung der Subkriterien bei ZARNOVITZ/BOSCHAN (1975) angepaßt.

Ist das Verhältnis von A zu B größer als 0,25, erhält der Indikator keinen Punkt, wohingegen 30 Punkte maximal, beim Fehlen von Extraschwankungen, erreichbar sind.

- Letztes Subkriterium der Konjunkturkonformität ist die Amplitude des Indikators. Je stärker die Amplitude, um so deutlicher tritt die Konjunkturkomponente hervor. Zur Bewertung wird die absolute Amplitude über alle Konjunkturzyklen kumuliert und durch die Anzahl der Beobachtungsperioden dividiert. Dieser Wert kann als Durchschnittsgeschwindigkeit interpretiert werden, mit der sich der Indikator entwickelt. Zur Transformation in Punkte dienen Klassen von Amplituden (Tabelle 2/1).

Tabelle 2/1: Bewertung der Amplitudenstärke eines Einzelindikators

Amplitude	Punktzahl
≥ 4	20
3 bis unter 4	16
2 bis unter 3	12
1 bis unter 2	8
0,5 bis unter 1	4
$< 0,5$	0

Quelle: Vgl. MOORE/SHISKIN (1967), S. 91.

Addiert man schließlich die Punkte der drei Subkriterien, erhält man die Bewertung der Zeitreihe bezüglich ihrer Konjunkturkonformität.

d) Verlauf an den Umkehrpunkten

Wie bereits dargestellt, lassen sich Konjunkturindikatoren in vor–, gleich– und nachlaufende Indikatoren einteilen. Für die Selektion ist es wichtig, die Zeitreihen gemäß der Stabilität ihres Verlaufs an den Umkehrpunkten (Timing) zu beurteilen. Die Bewertung wird getrennt nach oberen und unteren Umkehrpunkten vorgenommen.

In einem ersten Schritt muß anhand einer Entscheidungsregel jede Zeitreihe einem der drei oben genannten zeitlichen Verläufe zugeordnet werden. Dabei wird zunächst eine relative Häufigkeitsverteilung aufgestellt, die für alle Indikatoren die Anteile der vor-, gleich- und nachlaufenden Umkehrpunkte über den gesamten Beobachtungszeitraum umfaßt. Diese relativen Häufigkeiten werden als Wahrscheinlichkeiten interpretiert, mit denen ein Umkehrpunkt des Indikators in die jeweilige Kategorie fällt, unter der Hypothese, daß der Indikator kein stabiles Verlaufsverhalten aufweist. Diese relative Häufigkeit p_j wird verwendet, um mit Hilfe der Binomialverteilung für jeden Indikator i und jede Kategorie j eine Wahrscheinlichkeit p_{ij} zu bestimmen.

Der Indikator wird der Kategorie mit dem kleinsten Wert für p_{ij} zugeordnet, vorausgesetzt dieser ist kleiner als 0,5. Bei k Verläufen der Kategorie j und insgesamt n untersuchten Umkehrpunkten erhält man:

$$p_{ij} = \sum_{\nu=k}^{n} \binom{n}{\nu} \cdot p_j^{\nu} \cdot (1 - p_j)^{n-\nu} \ . \tag{2.4}$$

In einem zweiten Schritt werden diese Wahrscheinlichkeitswerte p_{ij} nach folgender Vorschrift in Punkte umgesetzt [MOORE/SHISKIN (1967), S. 91]:

$$\text{Punktzahl} = \max\left[160 \cdot (0,25 - p_{ij}); 0\right] \ . \tag{2.5}$$

Somit werden Indikatoren erst für $p_{ij} < 0,25$ positiv bewertet, und die maximale Punktzahl liegt bei 40 Punkten.

Neben diesem Wahrscheinlichkeitswert für die Stabilität des Verlaufs des Indikators wird auch die Streuung des Timings bewertet, indem der Standardfehler des Timings berechnet wird:

$$s_i = \sqrt{\frac{1}{n} \sum_{j=1}^{n} (v_{ij} - \bar{v}_i)^2} \ . \tag{2.6}$$

Hier beschreibt die Variable v_{ij} den in Monaten gemessenen Vorlauf oder Nachlauf des Indikators i am Umkehrpunkt j. Das arithmetische Mittel $\bar{v}_i$ ist auf die

Anzahl der untersuchten Umkehrpunkte n bezogen. Je kleiner der Standardfehler s_i, desto zuverlässiger ist der Konjunkturindikator, und um so höher ist die Bewertung [MOORE/SHISKIN (1967), S. 91]:

$$\text{Punktzahl} = \max\left[(10 - s_i); 0\right] . \tag{2.7}$$

Maximal 10 Punkte sind also für einzelne Zeitreihen mit $s_i < 10$ zu vergeben. Auch hier ist die Summe aus den jeweiligen Ergebnissen für die Subkriterien zu bilden.

e) Verlaufsglätte

Wichtig für die Aussagekraft eines Konjunkturindikators ist die Verlaufsglätte (Smoothness), das heißt, daß seine Schwankungen weitgehend auf systematische Einflüsse zurückzuführen sind. Es ist also zu untersuchen, wie stark die Zufallskomponente auf den Indikator einwirkt. Je größer deren Einfluß ist, um so längere Zeit muß am aktuellen Rand gewartet werden, bevor mit ausreichender Sicherheit konjunkturelle Entwicklungen von Zufallsschwankungen unterschieden werden können. SHISKIN hat ein Maß vorgestellt, mit dem die Zeitreihe über die Gesamtlänge von N Monaten daraufhin analysiert werden kann [SHISKIN (1961), S. 535 ff.]. Das MCD–Maß (Months of Cyclical Dominance) gibt grob an, wieviel Zeit verstreichen muß, um eine Richtungsänderung des Indikators ursächlich der konjunkturellen Entwicklung zuzuschreiben. Dies geschieht, indem die durchschnittliche prozentuale Veränderung $\bar{U}$ der Zufallskomponente in Relation gesetzt wird zur entsprechenden Größe $\bar{G}$ der glatten Komponente. Das MCD–Maß mit den beiden vom Zeitreihenanalyseverfahren bestimmten Reihen g_t der Konjunkturkomponente und u_t der Zufallskomponente beträgt n Monate, wenn erstmalig gilt:

$$\frac{\bar{U}}{\bar{G}} = \frac{\dfrac{1}{N-n} \cdot \displaystyle\sum_{t=1}^{N-n} \left| \frac{u_{t+n} - u_t}{u_t} \right|}{\dfrac{1}{N-n} \cdot \displaystyle\sum_{t=1}^{N-n} \left| \frac{g_{t+n} - g_t}{g_t} \right|} < 1 . \tag{2.8}$$

Diese Gleichung wird iterativ angewendet. Man startet mit $n = 1$, also einer Intervallänge von einem Monat. Dieses Intervall wird sukzessive um einen Monat verlängert, bis das MCD–Maß kleiner als Eins ist. Bei dieser Intervallänge ist erstmals die Veränderung der zyklischen Komponente stärker als die der Zufallskomponente. Ein kleines MCD–Maß ist demnach vorteilhaft für die Aussagekraft eines Konjunkturindikators (Tabelle 2/2).

Tabelle 2/2: Bewertung der Verlaufsglätte eines Einzelindikators mit dem MCD–Maß (hier für Monatsdaten)

MCD–Maß	1	2	3	4	5	> 6
Punktzahl	100	80	60	40	20	0

Quelle: Vgl. MOORE/SHISKIN (1967), S. 92.

f) Aktualität

Im Rahmen des letzten Hauptbeurteilungskriteriums steht die Verfügbarkeit der Daten am aktuellen Rand (Currency) im Vordergrund. Insbesondere für Frühindikatoren hängt der Wert stark davon ab, wieviel Zeit des Vorlaufs durch die Erhebung und Aufbereitung der Daten verlorengeht. Zum einen wird die Zeitreihe daher um so höher bewertet, je eher die Daten veröffentlicht werden können. 80 Punkte werden dabei vergeben, wenn die aktuellen Daten einer Monatsreihe bis zum 20. Tag des darauffolgenden Monats verfügbar sind. Bei einer Verzögerung um einen weiteren Monat gibt es noch 40 Punkte. Zum anderen kann ein Indikator 20 weitere Punkte erhalten, wenn die Daten täglich, wöchentlich oder zumindest alle zehn Tage erhoben werden [MOORE/SHISKIN (1967), S. 92].[2] Diese Bewertung wird dadurch gerechtfertigt, daß Indikatoren mit kurzen Berichtsperioden konjunkturelle Umschwünge eher anzeigen als Quartalsreihen oder Jahresreihen.

Dieses Punktbewertungssystem zur Selektion von Konjunkturindikatoren verdeutlicht die Intensität, mit der die empirische Arbeit beim NBER betrieben

[2] Bei ZARNOVITZ/BOSCHAN (1975) ist zu diesen Subkriterien keine veränderte Gewichtung zu entnehmen.

wurde. Es handelt sich um ein konsistentes System, das die Komplexität der Selektion aufzeigt und sie sehr differenziert in überschaubare Bewertungsentscheidungen aufspaltet. Damit gewinnt die Auswahl an Transparenz, da für Außenstehende die subjektiven Einflüsse auf die Selektion bei der Gewichtung und der Punktverteilung offengelegt und somit nachvollziehbar werden. Die große Leistung dieses Konzepts besteht darin, einen umfassenden Kriterienkatalog anzubieten, dessen Anwendung verschiedenen Personen zu unterschiedlichen Zeitpunkten möglich ist. Jedem Konjunkturforscher steht es selbstverständlich frei, einzelne Kriterien herauszulassen und eine andere Gewichtung vorzunehmen. Eines ist jedoch sicher: Die Bearbeitung der Indikatoren nach sämtlichen Kriterien gewährleistet eine äußerst umfassende Analyse, die ein verbessertes Verständnis des Konjunkturphänomens ermöglicht.

Kritisch ist anzumerken, daß die Selektion in dieser Form nahezu ausschließlich formal–statistisch ausgerichtet ist. Generell wird den Arbeiten des NBER vorgeworfen, konjunkturtheoretische Überlegungen nicht in ausreichendem Umfang zu berücksichtigen [KOOPMANS (1947), S. 161]. Diesem Vorwurf wurde entgegnet, daß die von BURNS und MITCHELL wesentlich geprägte Konjunkturindikatorforschung durch ihren Versuch, ein Muster von Beziehungen zwischen den einzelnen Indikatoren im Zuge konjunktureller Schwankungen offenzulegen, selbst als eine Theorie verstanden werden kann [KLEIN (1996), S. 40].

2.3 Ausgewählte Konjunkturindikatoren für Deutschland

Am Ende der Diskussion des Selektionsproblems sei ein Überblick über die in Deutschland zur Verfügung stehenden ökonomischen Zeitreihen gegeben. Diese sollen im Hinblick auf ihre Eignung als Konjunkturindikatoren für die am Ende dieser Arbeit vorgenommene Konstruktion neuer konjunktureller Gesamtindikatoren analysiert werden. Anhand der folgenden Kriterien kristallisieren sich dabei einige Einzelreihen heraus, auf die im fünften Kapitel nur noch kurz rekurriert wird. Allen Einzelindikatoren gemeinsam soll ein zeitlicher Vorlauf vor der Referenzreihe des Nettoproduktionsindexes sein [DÖPKE/KRÄMER/LANGFELDT (1994), S. 136 ff.; LINDLBAUER (1996), S. 238 ff.]. Dieser läßt sich wie beschrieben konjunkturtheoretisch durchaus plausibel erklären. Neben den Verlaufseigenschaften sind insbesondere auch die Datenverfügbarkeit und die Revisionsanfälligkeit für die Aussagekraft der Indikatoren am aktuellen Rand von hoher Bedeutung (Tabelle 2/3).

Tabelle 2/3: Charakteristika ausgewählter Konjunkturindikatoren

Zeitreihen (Quelle)	Erhebung	Verfügbarkeit	Revision
Ifo-Konjunkturtest (Ifo-Institut)	Umfrage bei repräsentativen Unternehmen	um den 22. Tag für den Vormonat	keine
Auftragseingänge (Statistisches Bundesamt)	Vollerhebung bei Betrieben mit mindestens 20 Beschäftigten	am Monatsanfang für den Vorvormonat	im Folgemonat
Zinsen (Deutsche Bundesbank)	Vollerhebung	unmittelbar	keine
Geldmengenaggregate (Deutsche Bundesbank)	Vollerhebung	um den 20. Tag für den Vormonat	keine
Aktienindizes (Deutsche Börse AG)	Vollerhebung	unmittelbar	keine

Eine große Rolle spielen die Umfrageergebnisse im Rahmen des *Konjunkturtests* des Ifo-Instituts für Wirtschaftsforschung, München, für den seit Anfang 1950 monatlich qualitative Daten über das Wirtschaftsgeschehen erhoben werden [LANGELÜTKE/MARQUARDT (1951), S. 189]. Zum Zwecke des Zeitgewinns gegenüber den Zahlen der amtlichen Statistik ist das Konjunkturtest-Verfahren als Repräsentativerhebung bei derzeit etwa 7.000 Unternehmen angelegt. Die Informationen werden durch die Befragung einer leitenden Person des jeweiligen Unternehmens mittels eines Fragebogens gewonnen, der zwischen dem 15. und 20. Tag eines Monats verschickt wird. Etwa drei Wochen nach dem Berichtsmonat liegen die ausgewerteten Ergebnisse vor und werden den teilnehmenden Unternehmen kostenlos zur Verfügung gestellt. Der

Konjunkturtest soll anhand qualitativer Aussagen detailliert das gesamte wirtschaftliche Geschehen abbilden. Dabei werden für die Sektoren Industrie, Handel und Bauhauptgewerbe jeweils eigene Fragebögen aufgestellt, um spezielle Angaben über Produktionsgruppen, Warenarten und Sparten zu erhalten. Zum einen zielen die Fragen auf Beurteilungen und Entwicklungen (ex–post) ab. Zum anderen gehören zu den monatlichen Standardfragen Aussagen über Pläne und Erwartungen (ex–ante). Darüber hinaus werden einige monatlich wechselnde Sonderfragen gestellt, die speziellen Informationsbedürfnissen Rechnung tragen. Nach ihrer Größe und Marktbedeutung werden die Unternehmen repräsentativ ausgewählt, das heißt, es liegt keine Zufallsstichprobe vor. Entsprechend werden die Angaben schließlich gewichtet und ausgewertet [LINDLBAUER (1989), S. 125 ff.].

Die Daten des Ifo–Konjunkturtests haben einen festen Stellenwert in der Konjunkturanalyse gewonnen, sie sind vielfach Bestandteil von aktuell veröffentlichten Gesamtindikatoren. Schnelle Verfügbarkeit und Revisionsunabhängigkeit sind ebenso Vorteile wie die Tatsache, daß der Konjunkturtest auch für die neuen Bundesländer durchgeführt wird. Insgesamt empfiehlt sich zur Konjunkturbeobachtung daher beispielsweise die mit sehr prägnanten konjunkturellen Schwankungen versehene Reihe der Fertigwarenlager–Beurteilung.[3] Dabei wird konkret gefragt, ob der Lagerbestand als „zu klein“, „als ausreichend beziehungsweise saisonüblich“ oder als „zu groß“ empfunden wird.

Der bekannteste Indikator im Rahmen des Ifo–Konjunkturtests ist das Ifo–Geschäftsklima. Aus den Unternehmensbefragungen heraus soll durch eine verdichtete Größe die Beurteilung der konjunkturellen Entwicklung abgeleitet werden. Zu diesem Zweck wurden bereits im Jahre 1965 zwei Standardfragen aus dem Ifo–Konjunkturtest miteinander verknüpft [STRIGEL (1965), S. 140]: die Angaben der Unternehmen zur derzeitigen Geschäftslage (GL) und zur Geschäftserwartung (GE). Konkret wird gefragt, ob die Geschäftslage „gut“, „befriedigend (saisonüblich)“ oder „schlecht“ beurteilt wird, und ob

---

3) Dieser Indikator gewinnt unter anderem dadurch an Wert, daß in der amtlichen Statistik die grundsätzlich sehr konjunkturrelevanten Vorratsveränderungen lediglich als Restgröße ermittelt werden und damit wenig zuverlässige Informationen bieten [DÖPKE/LANGFELDT (1997), S. 345].

die Geschäftslage in den nächsten sechs Monaten (Geschäftserwartungen) unter Ausschaltung rein saisonaler Schwankungen „eher günstiger“, „etwa gleich bleibend“ oder „eher ungünstiger“ eingeschätzt wird. Zum Ifo–Geschäftsklima werden konkret für jeden Monat die beiden Salden aus den positiven und negativen Bewertungen in vH verarbeitet. Die enge Beziehung zwischen Geschäftslage und -erwartungen läßt sich gut an deren Entwicklung im Konjunkturzyklus verdeutlichen. Im idealisierten Fall sehen die Unternehmer das Ende einer Hochkonjunktur voraus. Bei zunächst unveränderter Beurteilung der Geschäftslage sinken die Erwartungen. Erst in der konjunkturellen Abschwungphase sinkt analog die Reihe der Geschäftslage. Auch aus der Rezession heraus steigt zuerst die Reihe der Erwartungen [LEIBFRITZ/NIERHAUS (1993), S. 13]. Da die Erwartungen der Unternehmen in Abhängigkeit von der jeweiligen Lage im Konjunkturzyklus gesehen werden müssen, dient die Geschäftslage quasi als Bezugsgröße, um mögliche konjunkturelle Fehlinterpretationen zu vermeiden.

Als Ergebnis dieser Überlegungen entstand als Indikator das Ifo–Geschäftsklima $GK = \sqrt{(GL + 200) \cdot (GE + 200)}$. Ursprünglich wurde das geometrische Mittel verwendet, um mögliche Extremwerte zu glätten [STRIGEL (1985), S. 39 f.]. Diese treten allerdings nur selten auf, so daß mittlerweile das einfache arithmetische Mittel aus Geschäftslage und -erwartung benutzt wird [GOLDRIAN/STRIGEL (1989), S. 360]. In dieser Konstruktion, bei der das Geschäftsklima zunächst einmal ein unbestimmter Begriff ist, besteht ein wesentlicher Vorteil. Entscheidend ist, daß die Orientierungsgrößen für die Einschätzungen von Geschäftslage und Geschäftserwartungen von den antwortenden Unternehmen frei wählbar sind [STRIGEL (1985), S. 43]. Im Vergleich zu quantitativen Gesamtindikatoren wird die Gewichtung der Einflußfaktoren auf den Befragten verlagert. Die Teilnehmer am Konjunkturtest verarbeiten bewußt oder unbewußt die positiven oder negativen Entwicklungen ihrer Orientierungsgrößen zu summarischen Angaben über die Geschäftslage und -erwartung. Somit kann man vom Geschäftsklima als einem Diffusionsindex auf der zweiten Ebene sprechen, nämlich bei jeder einzelnen Meldung. Die von den Befragten vorgenommene individuelle Gewichtung, die sich im Zeitablauf verändern kann, führt zu einer höheren Reagibilität gegenüber den im vierten Abschnitt vorgestellten

Gesamtindikatoren. Die Eignung des Geschäftsklimas als Konjunkturindikator darf insgesamt als gesichert gelten [WOLTERS/LANKES (1989), S. 207].

Ein weiterer wichtiger Bestandteil der Konjunkturanalyse ist die amtliche Statistik der *Auftragseingänge*. Der Index der Auftragseingänge im Verarbeitenden Gewerbe läßt frühzeitig Rückschlüsse auf die kurzfristig folgende Produktion zu. Gleichwohl ist der Index kein erschöpfender Indikator für die Nachfrage nach Industriegütern, denn das Nahrungs- und Genußmittelgewerbe sowie Teile des Grundstoff- und Verbrauchsgütergewerbes und kleine Bereiche des Investitionsgütergewerbes bleiben unberücksichtigt [GLAAB (1994), S. 48 ff.]. Grundsätzlich muß hinsichtlich der Aussagekraft dieses Indikators angemerkt werden, daß es sich um eine Bruttogröße handelt, so daß es zu Doppelzählungen kommt. Zudem werden nur Betriebe mit mindestens 20 Beschäftigten erfaßt. Hieraus entstehen aber kaum quantitativ relevante Verzerrungen. Allerdings üben Großaufträge spürbare Einflüsse auf den Index der Auftragseingänge aus, was dessen Interpretierbarkeit am aktuellen Rand erschweren kann.

Neben den Revisionen kommt bei diesem Indikator ein weiteres Problem hinzu: Im Jahre 1995 sind erhebliche Umstellungen in der amtlichen Statistik vorgenommen worden [BALD-HERBEL/HERBEL (1995), S. 181 ff.]. Im Rahmen der europaweiten Harmonisierung der Unternehmensstatistiken hat das Statistische Bundesamt im Januar 1995 die Klassifikation der Wirtschaftszweige von der „Systematik der Wirtschaftszweige (Ausgabe 1979), Fassung für die Statistik im Produzierenden Gewerbe (SYPRO)“ auf die „Klassifikation der Wirtschaftszweige, Ausgabe 1993 (WZ 93)“ umgestellt.[4)] Daraus haben sich zum Teil gravierende Veränderungen bei der Zusammenfassung der einzelnen Wirtschaftsbereiche zu den neuen Hauptgruppen ergeben. Zudem wurden gleichzeitig Umstellungen bei der Abgrenzung der auskunftspflichtigen Betrieben und Unternehmen vorgenommen, und der Berichtskreis ist erweitert worden. Aus diesen Umstellungen entsteht für lange Zeitreihen das Problem, daß eine Verkettung der Auftragseingangsindizes vorgenommen werden muß, da es keine zeitlich weitreichende Rückrechnung nach der neuen Systematik über das

4) Die Ergebnisse des Ifo-Konjunkturtests werden bislang noch in der alten Systematik SYPRO veröffentlicht; die Umstellung auf die Systematik WZ 93 ist für Mitte 1999 angekündigt.

Jahr 1991 hinaus gibt. Dies ist für die Verwendung als Konjunkturindikator zwar unumgänglich, aber auch durchaus zulässig, da der Verlauf der Indexreihen in den Jahren 1991 bis 1994 weitgehend identisch war [SACHVERSTÄNDIGENRAT (1995), Ziffer 80]. Diese Verkettung muß im übrigen selbstverständlich ebenso bei der Referenzreihe des Index der Nettoproduktion vorgenommen werden.

Monetäre Variablen, wie beispielsweise *Zinssätze*, bieten mit der raschen Verfügbarkeit und dem Ausbleiben von Revisionen grundsätzlich gute formale Indikatoreigenschaften. Seit einiger Zeit liegt das Augenmerk der Konjunkturbeobachter verstärkt auf der Zinsstruktur, die angenähert wird durch die Zinsdifferenz aus Umlaufsrendite minus Dreimonatszins und im langfristigen Durchschnitt positiv ist. Ausgangspunkt für die These der Prognoseeignung der Zinsdifferenz ist zunächst die rein empirische Beobachtung einer sehr ähnlichen Entwicklung von Zinsdifferenz und der Veränderung des Bruttoinlandsprodukts, wobei in den meisten Untersuchungen ein zeitlicher Vorlauf von rund vier Quartalen ausgemacht wird [KRÄMER/LANGFELDT (1993), S. 35; RAGNITZ (1994), S. 12]. Ein Erklärungsansatz für diesen zeitlichen Zusammenhang geht von der FISHER'schen Erwartungstheorie der Zinsstruktur aus. Danach ergibt sich der heutige langfristige Zinssatz näherungsweise als (gewogener) Durchschnitt erwarteter künftiger kurzfristiger Zinssätze. Diesem Ansatz folgend würden im Falle sich ausbreitender Erwartung einer konjunkturellen Abwärtsbewegung Anleger zur Sicherung ihres künftigen Einkommens dazu tendieren, in langfristige Papiere zu investieren, deren Renditen dadurch sinken. Bei hiervon zunächst unberührten, da in erster Linie von der Notenbank abhängigen, kurzfristigen Zinsen, bedeutet dies im Ergebnis eine flachere bis inverse Zinsstruktur.

Festzuhalten ist, daß bei diesem Erklärungsansatz allein die am Markt vorherrschenden Erwartungen bezüglich der künftigen Zinsentwicklung ausgewertet werden, die wiederum — neben der künftigen konjunkturellen Entwicklung — von verschiedenen anderen Faktoren beeinflußt werden. Beispielsweise haben amerikanische Zinsschocks einen signifikanten Einfluß auf den Verlauf der deutschen Kapitalmarktzinsen [KREMER (1999), S. 76]. Da insgesamt keine kausale Beziehung zwischen Zinsstruktur und gesamtwirtschaftlicher Aktivität abgeleitet werden kann, dürfte diesem Indikator eigentlich nur eine geringe Aussagekraft beigemessen werden. Immerhin kam eine bisher flache oder inverse Zinsstruktur vor allem bei steigenden beziehungsweise hohen Zinsen vor, so daß ein ökonomischer Zusammenhang zwischen Zinshöhe, Zinsstruktur und Produktion zu vermuten ist. Trotz des angeführten Erklärungsansatzes und der zumindest augenscheinlichen Relevanz der Zinsdifferenz als Frühindikator für die gesamtwirtschaftliche Entwicklung sind einige Faktoren anzuführen, die die Erwartungen an die Indikatoreigenschaft eintrüben. Es sind dies unter anderem die Deregulierungsmaßnahmen der neunziger Jahre auf den Güter- und Finanzmärkten, die Ausdehnung des Markts für Unternehmensanleihen und die zunehmende Globalisierung der Finanzmärkte.

Insgesamt hat die Zinsdifferenz in den neunziger Jahren an Aussagekraft eingebüßt. Es ist keine stabile Beziehung zwischen kurzfristigen und langfristigen Zinsen feststellbar [HASSLER/NAUTZ (1998), S. 223]. Bei der jüngsten Zinsentwicklung seit Ende des Jahres 1997 ist das sinkende Niveau der Kapitalmarktzinsen als Rückwirkung der weltweiten Finanzkrisen zu beachten: Das Niveau der Zinsen spielt nach den angeführten theoretischen Überlegungen eine bedeutsame Rolle, wird aber bei der Verwendung der Zinsdifferenz ausgeblendet. Speziell im Verlauf des Jahres 1998 ergaben sich für die Konjunkturanalyse abweichende Einschätzungen: Die Zinsdifferenz hatte sich verringert und deutete auf Pessimismus, während der Rückgang der langfristigen Zinsen wegen ihrer Bedeutung für die Investitionsentscheidung der Unternehmen für sich gesehen Optimismus nahelegte. Gerade in diesem Fall, daß die Abflachung der Zinsstruktur durch einen Rückgang der Zinsen am langen Ende bedingt ist, besteht Erklärungsbedarf, und die Signale durch die Zinsdifferenz leiten möglicherweise fehl. Dieser Einschränkung muß man sich bei der Verwendung dieses Konjunkturindikators bewußt sein.

Eindeutig den vorlaufenden Indikatoren zuzuordnen sind *Geldmengenaggregate*. Sie wurden bis Ende 1998 durch die Deutsche Bundesbank in Form von Monatsdurchschnitten für verschiedene Abgrenzungen in Deutschland veröffentlicht. In der Europäischen Währungsunion gibt es nur noch Geldmengenaggregate für den gesamten Währungsraum, für deren Ermittlung und Veröffentlichung die Europäische Zentralbank verantwortlich ist. Der zeitliche Vorlauf weist allerdings keine hinreichende Stabilität auf, so daß es sich hierbei um eher unzuverlässige Indikatoren für konjunkturelle Umkehrpunkte handelt [LINDLBAUER (1996), S. 241].

Das Urteil fällt ähnlich negativ aus, wenn man die Aktienmärkte betrachtet. Plausibilitätsüberlegungen untermauern zwar den zeitlichen Vorlauf von *Aktienindizes*, die vor allem die Erwartungen der Marktteilnehmer über die künftige Entwicklung relevanter Fundamentalfaktoren widerspiegeln. Zweifel an der Aussagekraft dieses Indikators sind jedoch angebracht, wenn man die Anfälligkeit der Aktienmärkte gegenüber nicht-konjunkturellen Einflüssen wie etwa politischen Krisen berücksichtigt. Somit unterliegen diese Indizes vielfach sehr starken Schwankungen, die zu Lasten der Stabilität des zeitlichen Vorlaufs gehen und auch Fehlsignale zur Folge haben können.

Fügt man alles zusammen, gibt es einerseits keine Konjunkturindikatoren, die ohne Einschränkung das Ergebnis des Selektionsprozesses sein müßten. Andererseits gibt es eine Reihe von Einzelreihen, die unter Berücksichtigung der hier zugrundeliegenden Kriterien so ungünstig abschneiden, daß sie für die Konstruktion konjunktureller Gesamtindikatoren nicht geeignet sind. Übrig bleiben vor allem Reihen aus dem Ifo-Konjunkturtest und Statistiken der Auftragseingänge, die in hinreichendem Umfang Indikatoreigenschaften aufweisen und auf die im fünften Kapitel für die drei neuen Gesamtindikatoren zurückgegriffen wird.

3 Das Aggregationsproblem

Nach der Diskussion um die Selektion geeigneter Einzelreihen geht es in diesem Kapitel um Möglichkeiten zur Lösung des Aggregationsproblems, also um die Verarbeitung der Reihen zu einem konjunkturellen Gesamtindikator. Es hat sich in der Literatur eine Klassifikation mit vier verschiedenen Konstruktionsmethoden herauskristallisiert, für die im folgenden jeweils repräsentative Gesamtindikatoren sowohl in ihrer Methodik als auch im Hinblick auf empirische Befunde analysiert werden.

Es geht vor allem um Ansätze, die Anfang der siebziger Jahre in Deutschland aus dem damaligen ökonomischen Steuerungsoptimismus heraus entwickelt worden waren. Vor diesem Hintergrund werden für den Vergleich der Verdichtungsverfahren die zwölf Einzelreihen des Gesamtindikators des Sachverständigenrates zur Begutachtung der gesamtwirtschaftlichen Entwicklung verwendet (Tabelle 3/1, S. 62). Entscheidend ist hier neben der einheitlichen Datenbasis hinsichtlich der ausgewählten Zeitreihen auch, daß diese im Beobachtungszeitraum deutlich von konjunkturellen Einflußgrößen bestimmt sind. Daher werden im folgenden die Zeitreihenwerte der Jahre 1980 bis 1990 verwendet, um hinreichend lange Reihen unter Umgehung des Strukturbruchs durch die deutsche Vereinigung zu haben. Es kommt in diesen Kapitel insgesamt weder auf die Verwendung aktueller Daten noch auf Möglichkeiten an, diese Gesamtindikatoren über die originären Konstruktionsvorschriften hinaus zu verbessern.

In diesem Kapitel wird ein sehr einfaches Vorgehen verfolgt, um die Konjunkturkomponente in den Zeitreihen ansatzweise zu isolieren. Durch die Verwendung von Veränderungsraten w_t gegenüber dem Vorjahresmonat sollen saisonale Einflüsse unterdrückt werden:

$$w_t = \frac{x_t - x_{t-12}}{x_{t-12}} \ . \tag{3.1}$$

Um darüber hinaus den störenden Einfluß der Restkomponente zu verringern, werden die Veränderungsraten der Zeitreihen jeweils durch einen ungewogenen gleitenden Dreimonatsdurchschnitt geglättet, so daß die Zeitreihen der y_t die Datenbasis für die folgenden Ansätze zur Aggregation von Konjunkturindikatoren bilden:

$$y_t = \frac{1}{3} \cdot \sum_{\tau=-1}^{1} w_{t+\tau} \,. \tag{3.2}$$

Für die vergleichende Betrachtung der Gesamtindikatoren in diesem Kapitel spielt die Referenzreihe der geglätteten Veränderungsraten des Nettoproduktionsindex eine wichtige Rolle. Sie spiegelt die Entwicklung der wirtschaftlichen Aktivität wider, so daß daran die Konjunkturkonformität und der zeitliche Verlauf der Gesamtindikatoren beurteilt werden. Die hier vorgestellten Ansätze sollten den unteren Umkehrpunkt der Rezession des Jahres 1982 und die konjunkturelle Abschwächung im Jahre 1986 nachzeichnen (Schaubild 3/8, S. 80). Darüber hinaus sollten die Gesamtindikatoren einen ruhigen Verlauf zeigen.

3.1 Diffusionsindexbildung

3.1.1 Der Diffusionsindex

Dem Diffusionsindex unterliegt die Vorstellung, daß sich konjunkturelle Schwankungen nicht sprunghaft, sondern vielmehr in einem stetigen Prozeß vollziehen, der nach und nach auf die gesamte Volkswirtschaft übergreift. Deshalb wurde der Begriff der „Diffusion“ (=langsame Durchdringung und Mischung von Flüssigkeiten oder Gasen bis zur völligen Durchmischung) aus den Naturwissenschaften entliehen. Darin kommt zum Ausdruck, daß sich konjunkturelle Entwicklungen allmählich über einzelne Branchen, Regionen und Unternehmen hinweg ausbreiten: *„In short, business cycle theories lead one to expect cyclical movements to be diffused throughout the economy; a widely diffused expansion gives way to general contraction, to be followed once more by a general expansion, and so on.“* [MOORE (1961), S. 261].

BURNS und MITCHELL vom NBER haben insgesamt über 800 ökonomische Zeitreihen der Jahre 1875 bis 1938 empirisch analysiert. Dabei hat sich gezeigt, daß nicht alle zyklischen Reihen in der gleichen Periode steigen oder fallen. Das einfache Maß des Diffusionsindexes registriert, in welche Richtung sich die betrachteten n Zeitreihen verändern. Konkret wird der Prozentsatz der expandierenden Reihen m_t jeder einzelnen Periode bestimmt, um den Diffusionsindex I_t wie folgt zu ermitteln:

$$I_t = \frac{m_t}{n} \cdot 100 \,. \tag{3.3}$$

Bei dieser Form der Diffusionsindexbildung wird somit lediglich die Information verarbeitet, ob eine Reihe expandiert oder kontrahiert. Der Index kann Werte zwischen Null und 100 annehmen, wobei ein Wert von Null beispielsweise signalisiert, daß sämtliche Einzelindikatoren gegenüber der Vorperiode rückläufig waren.

Schaubild 3/1: Der Diffusionsindex

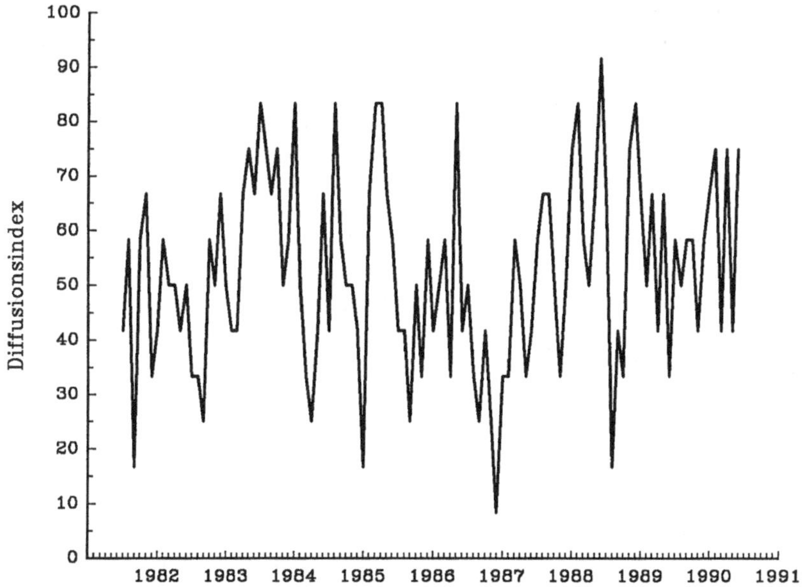

Bei Anwendung von Gleichung (3.3) auf die ausgewählten zwölf Einzelreihen ermöglicht es der Diffusionsindex offensichtlich nicht, den Verlauf der Konjunktur im Beobachtungszeitraum deutlich herauszustellen (Schaubild 3/1).

Der Verlauf ist zu unruhig, als daß die konjunkturellen Schwankungen zum Vorschein kommen. So bleibt allenfalls der Eindruck, daß in den Jahren 1983 und 1984 sowie 1988 und 1989 ein Aufschwung vorliegt, während in den Jahren 1986 und 1987 eine Abschwächung zu vermuten ist. Die einfache Konstruktion und Handhabung führen also nicht zu eindeutigen und guten Ergebnissen.

3.1.2 Der 'Average Duration of Run'–Index

Der 'Average Duration of Run'–Index versucht, das hohe Maß an erratischen Schwankungen beim einfachen Diffusionsindex zu vermindern. Dazu gewichtet dieser „Index der durchschnittlichen Laufzeit“ die Richtung der Veränderung des Einzelindikators mit der Anzahl der aufeinanderfolgenden Monate (Δd_{it}), die der Indikator jeweils in eine Richtung läuft [MOORE (1950), S. 79 f.]. Es liegt die Überlegung zugrunde, daß eine Bewegung um so eher konjunktureller Natur ist, je länger ein Aufschwung oder Abschwung andauert, so daß deren monatliche Dauer berücksichtigt wird. Gleichzeitig ist durch die Begrenzung auf Werte zwischen -6 und +6 gewährleistet, daß ein einzelner, über viele Perioden ansteigender Indikator bei einer Richtungsänderung nicht zu einer Niveauverschiebung des 'Average Duration of Run'–Index führt. Weiterhin unbeachtet bleibt das Ausmaß der Veränderungen, das heißt die Intensität der konjunkturellen Schwankungen. Der Gesamtindikator I_t wird schließlich wie beim Diffusionsindex als arithmetisches Mittel aus den n Einzelreihen berechnet:

$$I_t = \frac{1}{n} \cdot \sum_{i=1}^{n} \Delta d_{it} \qquad \text{mit } -6 \leq \Delta d_{it} \leq +6 \; . \tag{3.4}$$

Das Einbeziehen der Entwicklungsdauer in eine Richtung führt zu einer Glättung gegenüber dem Diffusionsindex, so daß die zyklische Komponente stärker hervortritt [MORRIS (1961), S. 116]. Ein Nachteil ist allerdings, daß durch die Gewichtung konjunkturelle Umkehrpunkte später angezeigt werden als beim einfachen Diffusionsindex. Der Grund hierfür ist, daß tatsächliche Konjunkturaufschwünge und Konjunkturabschwünge anfänglich nur mit geringen Gewichten versehen werden [LEINER (1959), S. 119 f.]. Ein nachrangiges Problem des 'Average Duration of Run'–Index besteht in seiner geringeren

Transparenz. Denn ein bestimmter Indexwert läßt nicht mehr eindeutig auf die Konstellation der Entwicklung der Einzelreihen schließen. Beispielsweise kann der Indexwert +1 sowohl darauf zurückzuführen sein, daß alle Einzelindikatoren seit genau einem Monat gegenüber der Vorperiode ansteigen, als auch dadurch bedingt sein, daß die Hälfte aller Reihen seit vier Monaten zunimmt und die anderen Reihen seit zwei Monaten sinken. Der Diffusionsindex dagegen läge bei +100 im ersten Fall und bei +50 im zweiten Fall [ROTHSCHILD (1969), S. 78].

Schaubild 3/2: Der 'Average Duration of Run'-Index

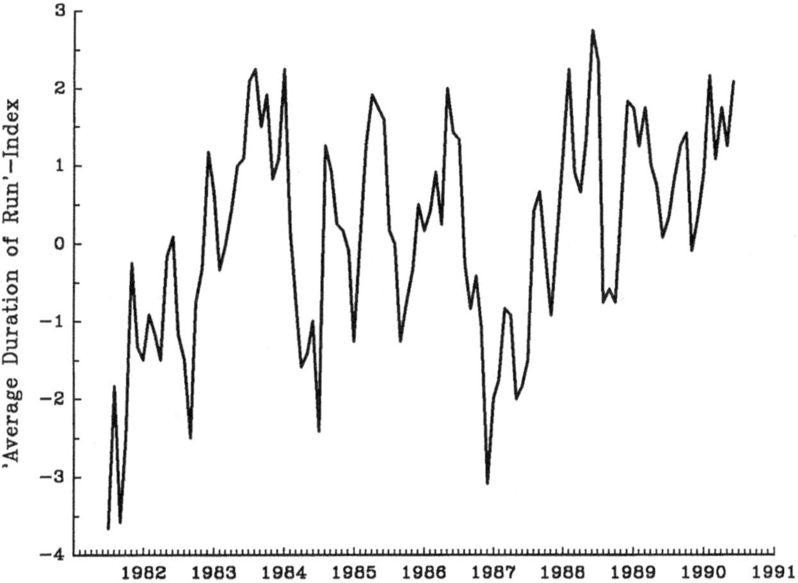

Der 'Average Duration of Run'-Index weist geringere erratische Schwankungen auf als der Diffusionsindex (Schaubild 3/2). Jedoch fällt es schwer, zwei Konjunkturzyklen zu identifizieren. Insbesondere die niedrigen Werte von März bis Juli 1984 stören das Gesamtbild, was aber auf die Konstruktionsvorschrift zurückzuführen sein kann: Weisen einige Reihen kontinuierlich bis Anfang 1984 eine positive Entwicklung auf und tritt dann ein noch so geringer Rückgang der Zeitreihenwerte ein, wird deren Monatswert von +6 auf -1 fallen. Trotz der Begrenzung des Wertebereichs auf -6 bis +6 kann diese Entwicklung den Verlauf des 'Average Duration of Run'-Index nachhaltig beeinflussen. Da auch Mitte 1982 und 1988 ähnliche Störungen zu beobachten sind, wird die Konjunkturdiagnose erschwert.

3.1.3 Der 'Duration Rate'-Index

Eine weitere Verfeinerung der Diffusionsindexbildung hat MORRIS mit dem 'Duration Rate'-Index vorgenommen [MORRIS (1961), S. 116 ff.]. Darin wird eine zusätzliche Information aus den Einzelindikatoren verarbeitet, nämlich die des Ausmaßes der Schwankungen; Dauer und Stärke der Schwankungen gehen gleichgewichtig in den 'Duration Rate'-Index ein.

Im ersten Schritt wird für jede der n Reihen die prozentuale Veränderung p_{it} der Werte y_{it} gegenüber der Vorperiode berechnet:

$$p_{it} = \left[\left(\frac{y_{it}}{y_{it-1}}\right) - 1\right] \cdot 100 \; . \tag{3.5}$$

Im zweiten Schritt werden die unterschiedlichen Amplituden der Einzelindikatoren über den Beobachtungszeitraum von T Monaten hinweg berücksichtigt. Um die Reihe der prozentualen Veränderungen p_{it} vergleichbar zu machen, werden deren Absolutwerte durch die mittlere prozentuale Veränderungsrate $\overline{p}_{it}$ dividiert:

$$p^*_{it} = \frac{|p_{it}|}{\overline{p}_i} \quad \text{mit } \overline{p}_i = \frac{1}{T} \cdot \sum_{t=1}^{T} |p_{it}| \; . \tag{3.6}$$

Die Reihe der p^*_{it} umfaßt demnach nicht-negative Werte, die anzeigen, wie stark die einzelne Veränderung eines Monatswerts im Verhältnis zur mittleren Veränderung über die gesamte Zeitreihe ist. Schließlich wird diese Reihe mit der entsprechenden Dauer der Schwankung Δd_{it} ('Duration of Run') multipliziert (Abschnitt 3.1.2). Als 'Duration Rate'-Index ergibt sich:

$$I_t = \frac{1}{n} \cdot \sum_{i=1}^{n} \Delta d_{it} \cdot p^*_{it} \qquad \begin{array}{l} \text{mit } -6 \leq \Delta d_{it} \leq +6 \\ \text{und } 0 < p^*_{it} \leq +2 \; . \end{array} \tag{3.7}$$

Da jedoch die p^*_{it} höchstens mit dem Wert 2 in die Berechnung einfließen, ist der Wertebereich des 'Duration Rate'–Indexes auf -12 bis +12 begrenzt [MORRIS (1961), S. 117]. Die Aggregation zum 'Duration Rate'–Index geschieht wiederum durch das einfache arithmetische Mittel der zehn Einzelreihen.[1)]

Dieser Index hat drei Vorteile gegenüber dem einfachen Diffusionsindex: Zum ersten zeigt der 'Duration Rate'–Index geringere erratische Schwankungen. Zum zweiten ist die Sensitivität dennoch mindestens so hoch wie beim Diffusionsindex, und zum dritten ist die zyklische Komponente klarer zu erkennen [MORRIS (1961), S. 116].

Schaubild 3/3: Der 'Duration Rate'–Index

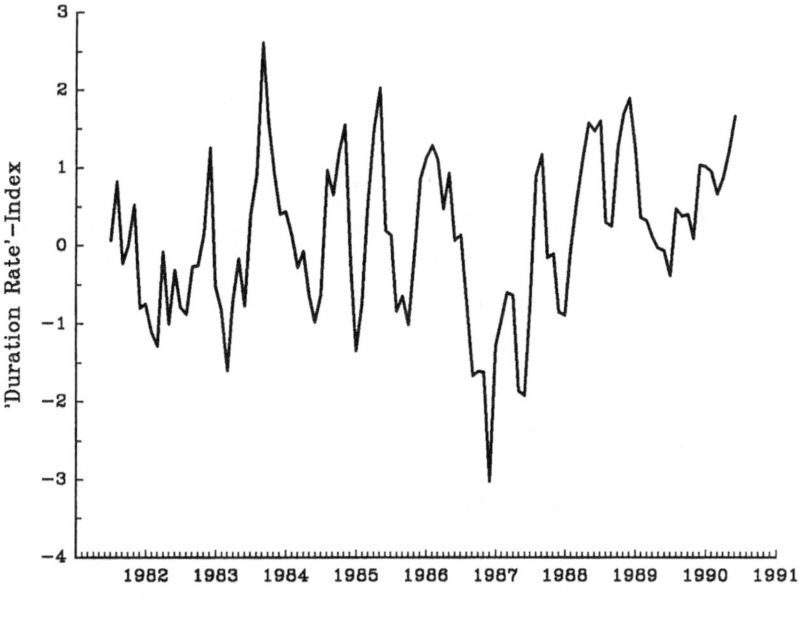

In der vorgenommenen empirischen Analyse treten die Vorteile des 'Duration Rate'–Index nicht so deutlich hervor. Es zeigt sich vor allem bis zum Jahre 1986 ein uneinheitliches Bild, das keine längeren Aufschwünge und Abschwünge offenbart (Schaubild 3/3). Der höchste Wert wird im September

---

1) Es werden nur die zehn quantitativen Zeitreihen verwendet, um mit sinnvoll interpretierbaren Veränderungsraten zu arbeiten.

1983 erreicht. Ein vergleichsweise eindeutiger Umkehrpunkt ist im Dezember 1986 zu erkennen. Danach stellt sich ein tendenziell steigender Verlauf des Gesamtindikators ein, der jedoch noch relativ starke erratische Schwankungen aufweist. Der Grund hierfür ist, daß bei der Konstruktionsvorschrift des 'Duration Rate'–Indexes die Vorzeichen der Monatswerte durch den 'Average Duration of Run'–Index determiniert sind. Demzufolge sind die Umkehrpunkte beider Indizes an den gleichen Zeitpunkten zu finden. Lediglich die Informationen bezüglich der Intensität der konjunkturellen Schwankungen werden beim 'Duration Rate'–Index besser ausgeschöpft.

3.2 Signalwertmethode

3.2.1 Der SVR–Gesamtindikator

Im Jahre 1967 wurde das Stabilitätsgesetz verabschiedet; die Wirtschaftspolitik sollte fortan umgehend unerwünschten konjunkturellen Nachfrageschwankungen entgegensteuern. Vor diesem Hintergrund ist der „Gesamtindikator zur Konjunkturdiagnose" zu sehen, den der Sachverständigenrat zur Begutachtung der gesamtwirtschaftlichen Entwicklung in seinem Jahresgutachten 1970/71 als einen Versuch veröffentlicht hat, „die konjunkturellen Tendenzen zu einem Gesamtbild zu verdichten" [SACHVERSTÄNDIGENRAT (1970), Ziffern 142 ff., S. 51 f.]. Er soll als Hilfsmittel dienen, die Gefährdung gesamtwirtschaftlicher Ziele wie Vollbeschäftigung oder Preisniveaustabilität frühzeitig zu erkennen. Dabei soll der SVR–Gesamtindikator nicht als alleinige Entscheidungsgrundlage, sondern immer in Verbindung mit anderen Diagnoseverfahren für den Einsatz wirtschaftspolitischer Maßnahmen verwendet werden. Anhand der folgenden Kriterien wurden zwölf Einzelreihen ausgewählt [SACHVERSTÄNDIGENRAT (1970), Anhang VIII, S. 124 f.]:

- „Die Monatswerte müssen relativ schnell, spätestens sechs Wochen nach dem Referenzmonat, vorliegen.
- Die Reihen müssen konjunkturell schwanken, brauchen aber nicht in jedem Zyklus dasselbe Muster zu haben.

- Die Reihen dürfen keine Wachstumsbeschleunigung oder –verlangsamung aufweisen, das heißt, die Veränderungsraten im Vorjahresvergleich müssen um einen linearen Trend schwanken, der die Steigung Null hat.

- Damit der Gesamtindikator ein repräsentatives Bild gibt, müssen die Reihen wichtige Aggregate der konjunkturellen Entwicklung erfassen wie Konsumgüternachfrage, Investitionsgüternachfrage, Lagerhaltung, Komponenten des Angebots, Kostenentwicklung, Geldversorgung und Arbeitsmarkt.“

Das Verfahren basiert — so der Sachverständigenrat — auf einem modifizierten Diffusionsprinzip, das bei der japanischen Economic Planning Agency entwickelt wurde. Die geglätteten Veränderungsraten gegenüber dem Vorjahr[2)] werden in ordinalskalierte Reihen transformiert. Dafür werden zunächst jeweils ein Normwert (*NW*) als arithmetisches Mittel der entsprechenden Zeitreihe sowie eine obere und untere Toleranzgrenze (*OTG* und *UTG*) festgesetzt; im Rahmen dieser Arbeit wird allerdings zur Bestimmung der beiden Toleranzgrenzen die einfache Standardabweichung um den Mittelwert gewählt (Tabelle 3/1). Die folgende Transformation führt zu Monatswerten zwischen eins und vier [SACHVERSTÄNDIGENRAT (1970), Anhang VIII, S. 125]:

„4 wenn der Wert der betreffenden Reihe die obere Toleranzgrenze erreicht oder überschritten hat,

3 wenn der Wert der betreffenden Reihe zwischen Normwert und oberer Toleranzgrenze liegt,

2 wenn der Wert der betreffenden Reihe zwischen Normwert und unterer Toleranzgrenze liegt und

1 wenn der Wert der betreffenden Reihe die untere Toleranzgrenze erreicht oder unterschritten hat.“

[2)] Vgl. die Gleichungen (3.1) und (3.2), S. 53 f. Für die beiden Reihen des Ifo–Instituts für Wirtschaftsforschung, München, wird nur der gleitende Dreimonatsdurchschnitt berechnet.

Tabelle 3/1: Die Zusammensetzung des SVR–Gesamtindikators

Einzelreihen	*OTG*	*NW*	*UTG*
Auftragseingang aus dem Inland, Verbrauchsgüter- industrien	7,2	3,7	0,2
Auftragseingang aus dem Inland, Investitionsgüter- industrien	10,8	5,5	0,3
Auftragseingang Maschinenbau	16,3	6,9	-2,5
Beurteilung der Fertigwarenlager in der Verarbeitenden Industrie[1)2)]	1,8	11,6	21,4
Beurteilung der Fertigwarenlager in den Investitions- güterindustrien[1)2)]	-2,7	8,5	19,7
Lohnsumme je geleistete Arbeiterstunde, Industrie insgesamt (ohne Energie und Bau)	5,7	4,2	2,6
Industrielle Nettoproduktion, Verarbeitende Industrie	5,6	2,2	-1,2
Industrielle Nettoproduktion, Investitionsgüterindustrien	8,0	3,3	-1,4
Geldvolumen	10,2	6,6	3,0
Kurzfristige Kredite der Kreditinstitute an inländische Unternehmen und Privatpersonen	9,8	4,4	-1,1
Anzahl der Arbeitslosen[1)]	-10,5	8,7	28,0
Tariflohn- und -gehaltsniveau je Stunde (Gesamtwirt- schaft)	4,5	3,8	3,1

1) Toleranzgrenzen invers definiert.
2) Reihen des Ifo-Instituts für Wirtschaftsforschung, München.

Das einfache arithmetische Mittel der Monatswerte dieser transformierten zwölf Reihen ergibt den Wert des SVR–Gesamtindikators für den jeweiligen Monat. Der Indikatorwert liegt jedoch erst zehn Wochen nach dem Referenzmonat vor.

Der SVR–Gesamtindikator läßt für die achtziger Jahre zwei Konjunkturzyklen und eine Art Zwischenzyklus erkennen (Schaubild 3/4). Schwierigkeiten bei der Datierung eines Umkehrpunkts gibt es nur in der Rezession 1982/83, da sowohl im Juli und September 1982 als auch im März 1983 mit 1,5 der niedrigste Wert des SVR–Gesamtindikators ausgewiesen wird. Bis Mai 1985 kann man von einer Aufschwungphase sprechen, in der ein Zwischenzyklus zu erkennen ist (oberer Umkehrpunkt im Februar 1984 und unterer Umkehrpunkt im

Mai 1984). Der zweite Konjunkturzyklus hat seinen unteren Umkehrpunkt im Februar 1987, und der sich anschließende Aufschwung hält bis an das Ende des Beobachtungszeitraums an. Der SVR–Gesamtindikator arbeitet konjunkturelle Schwankungen insgesamt gut heraus, und der relativ ruhige Verlauf wirkt sich positiv auf die Möglichkeit der Konjunkturdiagnose aus.

Schaubild 3/4: Der SVR–Gesamtindikator

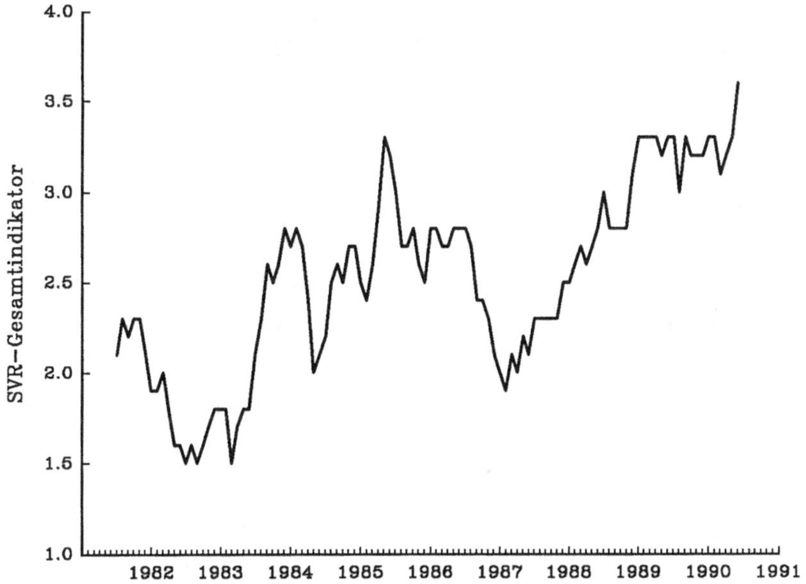

Der SVR–Gesamtindikator hat eine rege Diskussion ausgelöst. Aus der Kritik an diesem Ansatz heraus sind letztlich die in den Abschnitten 3.2.2 bis 3.4 folgenden Verdichtungsverfahren erarbeitet worden. Zunächst seien zwei Kritikpunkte angesprochen, auf die der Sachverständigenrat im darauffolgenden Jahresgutachten reagiert hat: Zum ersten wird dem SVR–Gesamtindikator angelastet, daß er die Intensität konjunktureller Schwankungen nicht hinreichend anzeigt [DEUTSCHES INDUSTRIEINSTITUT (1971), S. 4]. Betrachtet man diesbezüglich den vierstufigen Gesamtindikator, so steckte der Sachverständigenrat in einem Dilemma. Je weiter die Toleranzgrenzen von dem Normwert entfernt sind, um so besser erkennt man die Intensität der Konjunkturschwankungen.

Je enger die Toleranzgrenzen liegen, um so eher werden Gefährdungsphasen ermittelt. Die Lösung dieses Problems sah der Sachverständigenrat in einem breiteren Bewertungsschema [SACHVERSTÄNDIGENRAT (1971), Anhang VI, S. 154]. Demzufolge wurden sechs-, acht- und zehnstufige Versionen berechnet, um sowohl die Intensität anzuzeigen als auch Zielgefährdungen frühzeitig zu erkennen.

Zum zweiten wird kritisch angemerkt, daß in Phasen der Stagflation, das heißt steigende Preise bei stagnierender Produktion, der SVR-Gesamtindikator keine ökonomisch sinnvollen Ergebnisse liefert. Die Begründung liegt darin, daß sowohl Nominalreihen als auch Realreihen verwendet werden [VAJNA (1971), S. 61]. Die Durchschnittsbildung kann dazu führen, daß der Indikator keinen Wert im Gefährdungsbereich ausweist, obwohl die Stagflation eine äußerst schwierige Situation für die Konjunkturpolitik darstellt. Diese berechtigte Kritik hat der Sachverständigenrat zum Anlaß genommen, die Nominalreihen in einem Kosten- und Preisindikator und die Realreihen in einem Mengenindikator getrennt auszuweisen [SACHVERSTÄNDIGENRAT (1971), Anhang VI, S. 154 f.].

Einige weitere kritische Anmerkungen seien an dieser Stelle kurz zusammengefaßt:

- Die Möglichkeit des SVR-Gesamtindikators, die Gefährdung gesamtwirtschaftlicher Ziele frühzeitig anzuzeigen, beruht auf der Annahme, daß es sich um eine Art Diffusionsindex handelt, welcher der wirtschaftlichen Entwicklung konstruktionsbedingt vorausläuft. NEUBAUER weist jedoch darauf hin, daß der SVR-Gesamtindikator vom Diffusionsindex abzugrenzen ist, da keine Veränderung, sondern nur das Niveau einer Reihe verarbeitet wird. Demzufolge können die vorteilhaften Eigenschaften des Diffusionsindexes nicht übertragen werden [NEUBAUER (1975), S. 182].

- Durch die Transformation auf eine ordinale Skala können obere und untere Umkehrpunkte „abgeschnitten“ werden [VAJNA (1971), S. 60].

- Die Lead-Lag-Struktur der Einzelreihen wird nicht berücksichtigt [VAJNA (1971), S. 61].

- Die Normwerte sind konstant für den gesamten Beobachtungszeitraum, so daß zwischenzeitliche Niveauverschiebungen sehr große Auswirkungen haben [STURM (1971), S. 16].

- Die Festlegung der Toleranzgrenzen ist nicht frei von Subjektivität [STURM (1971), S. 16].

Der SVR–Gesamtindikator hat den Konjunkturverlauf in den Jahren 1959 bis 1970 relativ gut nachzeichnen können. Da jedoch ab dem Jahre 1970 keine Zyklen mehr erkannt wurden, stellte der Sachverständigenrat die Veröffentlichung des Indikators nach dem Jahresgutachten 1973/74 ein [SACHVERSTÄNDIGENRAT (1973), Anhang V, S. 183].

3.2.2 Der WSI–Konjunkturindikator

PÜTZ und SIMMERT vom Wirtschafts- und Sozialwissenschaftlichen Institut des Deutschen Gewerkschaftsbunds (WSI) haben insbesondere die Auswahl der Einzelreihen des SVR–Gesamtindikators kritisch beleuchtet [PÜTZ/SIMMERT (1972), S. 20 f.]. Der von ihnen konstruierte WSI–Konjunkturindikator enthält keine grundsätzlichen methodischen Änderungen. Angesichts dessen wird in dieser Arbeit auf eine Neuberechnung verzichtet und nur auf die Unterschiede zum SVR–Gesamtindikator hingewiesen. Dem Ziel, ein Informationsinstrument für die Konjunkturdiagnose liefern zu können, sollen folgende Verbesserungen dienen [PÜTZ/SIMMERT (1972), S. 24 ff.]:

- Die Reihe *Geldmenge M1* fließt nicht in den WSI–Konjunkturindikator ein. Sie korreliert nicht ausreichend mit der konjunkturellen Entwicklung, da unter anderem die Einlagegewohnheiten der Nichtbanken die *Geldmenge M1* beeinflussen.

- Man setzt die Reihe *Offene Stellen* zur Reihe *Anzahl der Arbeitslosen* in Relation. Diese sogenannte *Arbeitskräftebedarfszahl* umfaßt sowohl das Angebot als auch die Nachfrage und ist damit aussagefähiger als die Reihe der *Anzahl der Arbeitslosen* allein.

- Um das gesamtwirtschaftliche Geschehen besser abdecken zu können, werden die Reihen *Einzelhandelsumsätze* in jeweiligen Preisen und *Außenhandel* nach Warengruppen (insgesamt) aufgenommen.
- Es wird ein sechsstufiges Bewertungsschema verwendet.
- Die Normwerte werden nach Abschluß eines Konjunkturzyklus neu berechnet und gegebenenfalls korrigiert.
- Die Reihe des WSI–Konjunkturindikators wird durch einen zeitversetzten, gewogenen, gleitenden Dreimonatsdurchschnitt geglättet.

Diese Verbesserungen sorgen nach PÜTZ und SIMMERT dafür, daß die erratischen Schwankungen reduziert werden, die Intensität der Aufschwünge und Abschwünge abzuschätzen sowie die Umkehrpunkte deutlicher festzulegen sind. Für die Jahre von 1961 bis 1971 konnte die konjunkturelle Entwicklung gut erfaßt werden. Allerdings wurde im Januar 1975 die Veröffentlichung des WSI–Konjunkturindikators ebenfalls eingestellt.

3.3 Standardisierungsverfahren

3.3.1 Der MNV–Indikator

Ein wesentlicher Kritikpunkt am SVR–Gesamtindikator ist der Einwand, daß die Intensität der Konjunkturschwankungen kaum erfaßt wird. Der Sachverständigenrat hatte darauf zunächst erfolgreich mit sechs–, acht– und zehnstufigen Bewertungsschemata reagiert; da sich zusätzlich geringere erratische Schwankungen zeigten, waren die spezifischen Nachteile des Diffusionsindex überwunden. NEUBAUER knüpft an diesen Punkt an. Er sieht die Möglichkeit, durch die Erhöhung der Anzahl der Bewertungsstufen die Verlaufseigenschaft des SVR–Gesamtindikators zu verbessern. In letzter Konsequenz führt dieser Gedanke zu „*unendlich vielen Bewertungsstufen und infinitesimal schmalen Bewertungszonen.*“ [NEUBAUER (1975), S. 183].

Das Kennzeichen des Verfahrens der *Mittelung normierter Variabler* (MNV) ist die Standardisierung der zu aggregierenden Einzelreihen y_t. Das bedeutet, daß im Prinzip jeder mögliche Wert eine eigene Bewertungsstufe bekommt, deren

Abstand zum Normwert ein Vielfaches der Standardabweichung beträgt. Man berechnet den Mittelwert der i–ten Reihe $\bar{y}_i$ und die Standardabweichung s_i für den gesamten Beobachtungszeitraum T, so daß für die standardisierten Werte z_{it} gilt:

$$z_{it} = \frac{y_{it} - \bar{y}_i}{s_i} \,. \tag{3.8}$$

Der Monatswert des MNV–Indikators ergibt sich durch das ungewogene arithmetische Mittel aus den insgesamt n standardisierten Einzelreihen z_{it}. NEUBAUER weist darauf hin, daß es nicht notwendig ist, jeden Monat neu aktualisierte Werte für den Mittelwert $\bar{y}_i$ und die Standardabweichung s_i zu berechnen. Anpassungen in größeren zeitlichen Abständen werden als ausreichend erachtet.

Zu den Vorteilen dieses Ansatzes gehört die leichte Handhabung. Die Idee ist intuitiv nachvollziehbar, und durch die Standardisierung werden unterschiedliche Reihen vergleichbar gemacht. Darüber hinaus wird ein weiterer Kritikpunkt am SVR–Gesamtindikator umgangen: Da der MNV–Indikator a priori nicht beschränkt ist, können auch keine Extremwerte abgeschnitten werden, das heißt, die Intensität der konjunkturellen Schwankungen kann nicht zuletzt deshalb besser abgebildet werden.

Diese konstruktionsbedingten Verbesserungen gegenüber dem SVR–Gesamtindikator treten im empirischen Befund klar hervor (Schaubild 3/5). Der Verlauf des MNV–Indikators ist äußerst ruhig und hebt die konjunkturellen Umkehrpunkte deutlich hervor. Im September 1982 wird der Tiefpunkt angezeigt, und das Ende der Aufschwungphase wird im Juni 1985 ausgewiesen. Auch beim MNV–Indikator zeigt sich eine kleine Zwischenkonjunktur mit dem oberen Umkehrpunkt im Januar 1984 und einem Tiefpunkt im Mai 1984. Der Abschwung im zweiten Konjunkturzyklus hält bis zum Februar 1987 an. Danach zeigt der Indikator eine anhaltende Aufschwungphase an. Offensichtlich bestätigt sich der Vorteil durch die Standardisierung der Einzelreihen. Für den Untersuchungszeitraum sind recht zuverlässige Aussagen über die konjunkturelle Entwicklung möglich.

Schaubild 3/5: Der MNV-Indikator

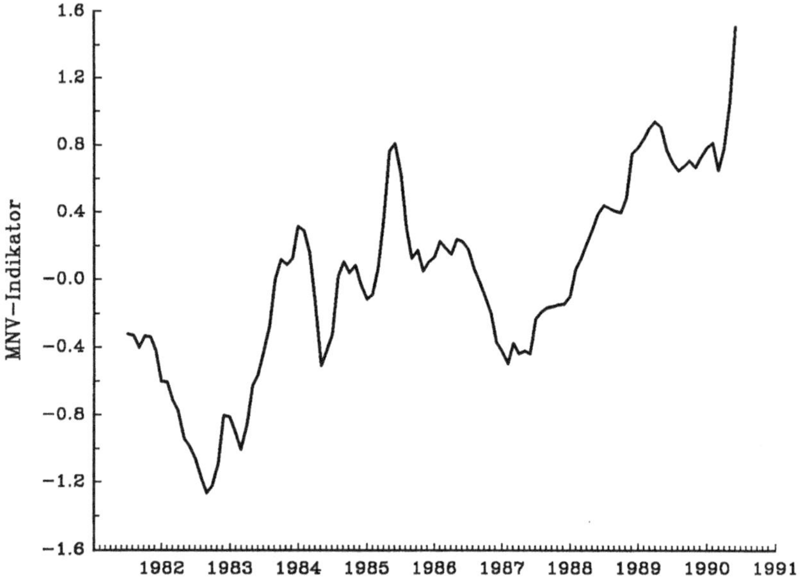

3.3.2 Der GlaDD-Gesamtindikator

Die Grundidee des Verfahrens der *Gleitenden-arithmetischen-Durchschnitts-Differenzen* (GlaDD) stammt aus der technischen Aktienkursanalyse. Dabei wertet man das Ansteigen des Tageskurses über den Durchschnittskurs als Aufschwung (Hausse) und Kaufsignal sowie das Sinken des Tageskurses unter den Durchschnittskurs als Abschwung (Baisse) und Verkaufssignal. Angewendet auf den hier verfolgten Indikatorenansatz besteht die Überlegung darin, zwei Größen miteinander zu vergleichen, nämlich die aktuellen Veränderungsraten und die durchschnittliche Veränderung der Einzelreihen [KRUPP/MEYER (1972), S. 226].

Der GlaDD-Gesamtindikator verarbeitet Zuwachsraten gegenüber dem Vorjahr. Es handelt sich um einen rein quantitativen Indikator, in dem nur die zehn kardinalen Reihen aus dem SVR-Gesamtindikator Verwendung finden, da für die beiden qualitativen Reihen des Ifo-Instituts keine sinnvollen Veränderungsraten anzugeben sind. Der aktuelle Zuwachs w_t^6 wird durch einen gleitenden Sechsmonatsdurchschnitt ermittelt, wobei dieser Wert der letzten in die Durchschnittsbildung eingehenden Periode zugerechnet wird:

$$w_t^6 = \frac{1}{6} \cdot \sum_{i=1}^{6} w_{t-6+i} \,. \tag{3.9}$$

Somit werden Zufallsschwankungen des aktuellen Anstiegs weitgehend ausgeschaltet. Die zweite Komponente, die durchschnittliche Veränderung w_t^{12}, wird analog durch einen gleitenden Zwölfmonatsdurchschnitt der Veränderungsraten errechnet:

$$w_t^{12} = \frac{1}{12} \cdot \sum_{j=1}^{12} w_{t-12+j} \,. \tag{3.10}$$

Der Monatswert k_t einer Einzelreihe nach der GlaDD–Methode ergibt sich als Differenz zwischen dem aktuellen und dem durchschnittlichen Zuwachs [LINDHORST (1972), S. 165]:

$$\begin{aligned} k_t &= w_t^6 - w_t^{12} && (3.11)\\ &= \frac{1}{6} \cdot \sum_{i=1}^{6} w_{t-6+i} - \frac{1}{12} \cdot \sum_{j=1}^{12} w_{t-12+j} && (3.12)\\ &= \frac{\frac{1}{6} \cdot \sum_{i=1}^{6} w_{t-6+i} - \frac{1}{6} \cdot \sum_{i=1}^{6} w_{t-12+i}}{2} \,. && (3.13) \end{aligned}$$

LINDHORST hat diese Idee aufgegriffen, um den GlaDD–Gesamtindikator zu konstruieren. Zur Aggregation werden die einzelnen GlaDD–Reihen jedoch lediglich durch ihre Standardabweichung dividiert [LINDHORST (1972), S. 171]. Anschließend errechnet sich der Wert des Gesamtindikators als ungewogenes arithmetisches Mittel der Monatswerte aller zehn Reihen.

Der Verlauf des GlaDD–Gesamtindikators zeigt sehr starke Ausschläge (Schaubild 3/6). Bei genauerer Betrachtung lassen sich aber durchaus konjunkturelle

Schwankungen ausmachen. Zwischen September 1982 und August 1985 liegt der Zwischenzyklus mit dem Hoch im Januar 1984 und dem Tief im August 1984. Bei dem zweiten Konjunkturzyklus wird der untere Umkehrpunkt für März 1987 ausgewiesen. Der darauffolgende Aufschwung scheint jedoch nur bis Mitte 1989 anzuhalten.

Schaubild 3/6: Der GlaDD-Gesamtindikator

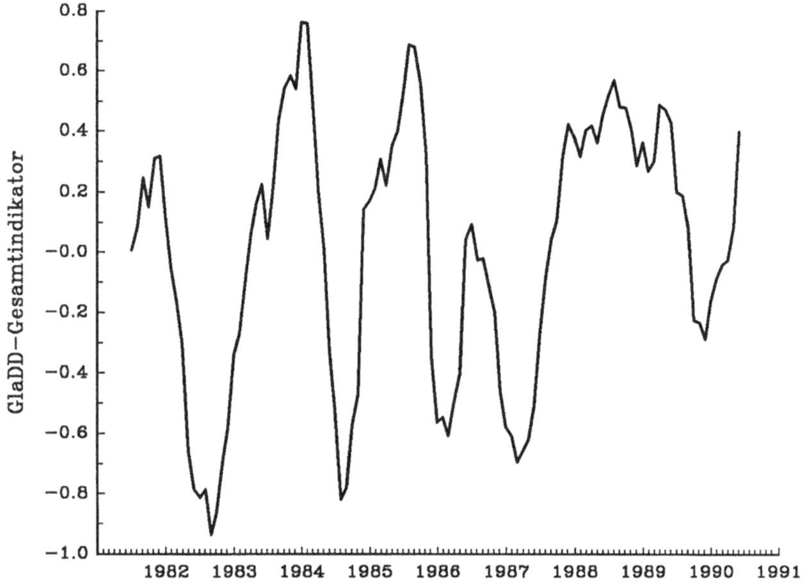

Insgesamt bietet der GlaDD-Gesamtindikator grundsätzlich die Möglichkeit der Konjunkturdiagnose. Die Aussagekraft wird aber in der rückliegenden Betrachtung überschätzt. Die offensichtlich fehlende Erfassung der Intensität konjunktureller Schwankungen erschwert die Einschätzung erheblich. So ist der Zwischenzyklus kaum noch als solcher zu erkennen und die negativen Spitzen im März 1986 sowie Dezember 1989 deuten auf Überzeichnungen möglicherweise zufälliger Einflüsse.

Der GlaDD-Gesamtindikator ist als ein Tendenzindikator zu sehen, da positive Werte nicht automatisch positive Produktionszuwächse bedeuten. Die Aussagefähigkeit dieses Indikators geht lediglich soweit, daß positive Werte darauf hindeuten, daß die sechs jüngsten Zuwachsraten im Durchschnitt größer sind als die sechs davorliegenden Raten. Dabei ist zu beachten, daß Störungen der Einzelreihen, wenn sie nicht zufällig sind, zu starken Schwankungen des Gesamtindikators führen können. Der Vorteil des GlaDD–Gesamtindikators ist in seinem zeitlichen Vorlauf zu sehen. Es gilt idealtypisch [LINDHORST (1972), S. 169]:[3)]

$$\text{Vorlauf in Monaten} = \frac{\text{Zyklusdauer in Monaten}}{\text{Vier minus Anzahl der gemittelten Veränderungsraten}}$$

Bei einem Zyklus von etwa vier Jahren und der Verwendung von zwei gleitenden Sechsmonatsdurchschnitten mit insgesamt zwölf Veränderungsraten bedeutet dies einen durchschnittlichen Vorlauf von einem halben Jahr. Diese Beziehung darf aber nicht darüber hinwegtäuschen, daß der empirisch beobachtbare Vorlauf an oberen Umkehrpunkten größer ist als an unteren Umkehrpunkten und insgesamt erheblich streut. Abschließend bleibt zu erwähnen, daß LINDHORST die Aussagekraft des Gesamtindikators ebenfalls vorsichtig einschätzt.

3.4 Komponentenanalytischer Ansatz

Im Rahmen der intensiven Diskussion um konjunkturelle Gesamtindikatoren Anfang der siebziger Jahre wurde auch ein hauptkomponentenanalytischer Ansatz vorgelegt, dessen Verbesserungsvorschläge bei zwei grundlegenden Kritikpunkten am SVR–Gesamtindikator ansetzen: Zum einen wird versucht, die Lead–Lag–Struktur der zwölf Reihen zu ermitteln, und zum anderen soll ein Gewichtssystem erarbeitet werden, nach dem die Indikatoren aggregiert werden [STURM (1971), S. 20 ff.]. Sowohl die Auswahl der Einzelreihen als auch die Saisonbereinigung durch geglättete Veränderungsraten im Vorjahresvergleich[4)] sind dabei analog zum Vorgehen des Sachverständigenrates.

---

3) Für die Anzahl der gemittelten Veränderungsraten vgl. die Gleichung (3.13), S. 69.

4) Vgl. die Gleichungen (3.1) und (3.2), S. 53 f.

Da der SVR-Gesamtindikator konjunkturelle Gefährdungsphasen frühzeitig anzeigen sollte, hätten eigentlich keine Reihen ausgewählt werden dürfen, die der wirtschaftlichen Entwicklung nachlaufen. Die Reihe *Lohnsumme je geleistete Arbeitsstunde* weist jedoch einen deutlichen Lag auf. Demgegenüber zeigt sich für die Reihen der *Auftragseingänge* ein zeitlicher Vorlauf. Da die Aggregation der Einzelindikatoren beim SVR-Gesamtindikator die unterschiedlichen Verläufe nicht berücksichtigt, werden bei einem derartigen Vorgehen Durchschnitte von Reihenmonatswerten berechnet, die aus verschiedenen Konjunkturphasen stammen. STURM fordert daher, die Lead-Lag-Struktur zu beachten, da sonst *„die augenblickliche Konjunkturlage nur bedingt repräsentiert werden kann."* [STURM (1971), S. 15].

Im ersten Verbesserungsvorschlag wird die Lead-Lag-Struktur der zwölf Reihen ermittelt. Durch eine entsprechende zeitliche Verschiebung liegen die Einzelindikatoren dann derart übereinander, daß die Umkehrpunkte zum gleichen Zeitpunkt vorliegen sollten. Bei dieser Verschiebung erhält man die höchste Korrelation zwischen den Reihen. STURM ermittelt die in diesem Sinn „optimale" Lead-Lag-Struktur, indem er die maximale Summe der Bestimmtheitsmaße K^*_{max} sucht (Abschnitt 5.1.2). Beim Vergleich der Ergebnisse für die unverschobenen zwölf Reihen mit denen für die gemäß der „optimalen" Lead-Lag-Struktur verschobenen Einzelindikatoren fällt zwar auf, daß einzelne Korrelationskoeffizienten (fettgedruckt) nach der Verschiebung kleiner geworden sind (Tabellen 3/2 und 3/3). Entscheidend ist jedoch, daß die Summe der quadrierten Korrelationskoeffizienten (=Bestimmtheitsmaße) gestiegen ist. Denn damit steigt der erklärte Anteil der zwischen den zwölf Einzelreihen ursprünglich bestehenden Varianz durch die Berücksichtigung der optimalen Lead-Lag-Struktur. In der Form, in der die Reihen beim SVR-Gesamtindikator verwendet werden, werden nur etwa 17 vH der Gesamtvarianz erklärt.[5)] Durch den Verbesserungsvorschlag von STURM erhöht sich dieser Anteil auf über 24 vH. Damit verbessert sich die Varianzausschöpfung um gut 44 vH.

5) Bei 66 Korrelationskoeffizienten oberhalb der Hauptdiagonalen errechnet sich der erklärte Varianzanteil als $\frac{11,2552}{66} \cdot 100 = 17,0533$ vH.

Tabelle 3/2: Korrelationskoeffizienten*) der zwölf Reihen des Gesamtindikators (keine Verschiebung)

j \ k	1	2	3	4	5	6	7	8	9	10	11	12	$\sum_{k>j} r_{jk}^2$
1	–	49	15	4	-10	-26	39	-2	24	-1	-12	-33	0,6753
2		–	87	29	14	-28	69	43	-51	53	0	-69	2,6171
3			–	53	43	-20	59	49	-56	50	23	-48	1,9409
4				–	87	25	45	47	-8	-6	61	23	1,6778
5					–	23	31	38	-2	-35	64	30	0,9159
6						–	26	43	6	-14	35	52	0,6686
7							–	89	-37	39	27	-17	1,1829
8								–	-44	37	35	12	0,4674
9									–	-67	-28	50	0,7773
10										–	-12	-50	0,2644
11											–	26	0,0676
12												–	–
													$K^* = 11,2552$

Tabelle 3/3: Korrelationskoeffizienten*) der zwölf Reihen des Gesamtindikators (Verschiebung gemäß der „optimalen“ Lead–Lag–Struktur)

j \ k	1	2	3	4	5	6	7	8	9	10	11	12	$\sum_{k>j} r_{jk}^2$
1	–	**42**	30	32	46	34	**21**	47	-54	20	18	52	1,5954
2		–	**48**	52	28	43	**52**	53	-70	67	46	**67**	2,9148
3			–	54	**42**	25	**47**	68	**-35**	**37**	53	51	2,0142
4				–	**86**	40	59	54	-16	-7	91	73	2,9308
5					–	31	44	49	-8	**-33**	70	71	1,6392
6						–	51	46	-47	28	39	54	1,2147
7							–	**79**	-39	**33**	58	69	1,6976
8								–	-48	40	46	70	1,0920
9									–	-68	**-16**	-53	0,7689
10										–	**-4**	**19**	0,0377
11											–	60	0,3600
12												–	–
													$K_{max}^* = 16,2653$

*) Werte mit 100 multipliziert.

Für die Ermittlung der „optimalen" Lead–Lag–Struktur werden vorab die Zeitreihen auf ökonomisch plausible Vorläufe und Nachläufe untersucht, für die die Routine zur Ermittlung der Summe der Bestimmtheitsmaße angewendet wird. Auf der Basis dieser bestimmten Verschiebungsintervalle ergibt sich schließlich die gewünschte Zeitverschiebung der Einzelreihen (Tabelle 3/4).

Tabelle 3/4: „Optimale" Lead–Lag–Struktur (+: Lead, –: Lag)

Einzelindikatoren (Kurzbezeichnung)	untersuchte Verschiebungsintervalle (in Monaten)	„optimale" Verschiebung (in Monaten)
Auftragseingang (Verbrauchsgüter)	$t-20,\ldots,t-11$	+16
Auftragseingang (Investitionsgüter)	$t-12,\ldots,t-6$	+8
Auftragseingang (Maschinenbau)	$t-14,\ldots,t-10$	+12
Fertigwarenlager (Verarbeitende Industrie)	$t-5,\ldots,t$	+3
Fertigwarenlager (Investitionsgüterindustrien)	$t-5,\ldots,t$	+3
Lohnsumme	$t+10,\ldots,t+20$	–13
Nettoproduktion (Verarbeitende Industrie) (=Referenzreihe)	$t-4,\ldots,t+2$	+2
Nettoproduktion (Investitionsgüterindustrien)	$t-2,\ldots,t$	+1
Geldvolumen	$t-3,\ldots,t+1$	+2
Kurzfristige Kredite	$t-4,\ldots,t+2$	+3
Anzahl der Arbeitslosen	$t+1,\ldots,t+6$	–2
Tariflohn– und –gehaltsniveau	$t+13,\ldots,t+16$	–14

Im zweiten Verbesserungsvorschlag geht es um die Aggregation der Reihen. Beim SVR–Gesamtindikator liegt scheinbar eine ungewogene Durchschnittsbildung vor. Indes handelt es sich um eine verborgene Gewichtung, da drei Reihen der *Auftragseingänge* verwendet werden, während der Arbeitsmarkt lediglich durch die Reihe der *Anzahl der Arbeitslosen* repräsentiert wird. STURM entwickelt ein explizites Gewichtungssystem mit Hilfe der Hauptkomponentenanalyse (Abschnitt 5.1.3). Dabei wird davon ausgegangen, daß alle zwölf Reihen die Konjunktur als gemeinsame Einflußgröße (Hauptkomponente) aufweisen. Wie bei dem Verfahren der *Mittelung normierter Variabler* im Abschnitt 3.3.1 werden auch hier die vorliegenden Zeitreihen standardisiert. Die erste Hauptkomponente, die definitionsgemäß den höchsten Grad der Varianzerklärung hat, wird als Konjunktur aufgefaßt. Die Faktorladungen a_{iI} der ersten Hauptkomponente sind ein Maß für den Zusammenhang zwischen Konjunktur (Hauptkomponente) und Einzelindikator (Variable). Demzufolge verwendet man die Faktorladungen a_{iI} der n Variablen zur Gewichtung, indem man sie mit dem Kehrwert des Eigenwerts e_I der ersten Hauptkomponente multipliziert [STURM (1971), S. 41]:

$$g_i = \frac{1}{e_I} \cdot a_{iI} \; . \tag{3.14}$$

Als Ergebnis der durchgeführten Hauptkomponentenanalyse ergibt sich, daß bei „optimaler" Verschiebung der Anteil der erklärten Varianz der ersten Hauptkomponente (= Konjunktur) 45,0 vH auf 50,8 vH zunimmt (Tabelle 3/5).[6] Die Spalten (2) bis (4) zeigen die Faktorladungen, wobei in der vierten Spalte die stark nachlaufenden Reihen *Lohnsumme* und *Tariflohn- und -gehaltsniveau* herausgenommen wurden, um eine zeitnahe Berechnung des Gesamtindikators am aktuellen Rand zu gewährleisten. Die Reihe *Anzahl der Arbeitslosen* fließt zusätzlich ohne Lag in die Berechnung ein, da sich sonst der Zeitpunkt der Veröffentlichung um den Nachlauf von zwei Monaten verzögern würde.[7] Der Varianzanteil steigt dadurch weiter auf 58,2 vH. In der letzten Spalte stehen die Gewichte, die nach Gleichung (3.13) mit den a_{iI} aus Spalte (4) ermittelt werden.

---

6) Diesen Berechnungen liegen allerdings nur 68 der ursprünglich 108 Monatswerte zugrunde, da sowohl Lead-Beziehungen als auch Lag-Beziehungen bis zu 20 Monaten überprüft wurden.

7) Die Faktorladungen der vierten Spalte ergeben sich aus 92 Zeitreihenwerten, da der maximale Lead 16 Monate beträgt. Am aktuellen Rand können hierbei alle Reihen ausgeschöpft werden.

Tabelle 3/5: Ergebnisse der hauptkomponentenanalytischen Untersuchungen

Reihen	12 Reihen unverschoben	12 Reihen 'optimal' verschoben	10 Reihen 'optimal' verschoben	Gewichte g_i
(1)	(2)	(3)	(4)	(5)
1	0,77033	0,56371	0,69812	0,12004
2	0,73626	0,77440	0,83870	0,14421
3	0,72812	0,69791	0,75819	0,13037
4	0,90324	0,80752	0,87138	0,14983
5	0,84394	0,68257	0,83125	0,14293
6	0,00235	0,62649	—	—
7	0,92710	0,78756	0,81825	0,14070
8	0,78359	0,83448	0,84346	0,14503
9	0,13968	-0,61787	-0,54442	-0,09361
10	0,11402	0,38068	0,52128	0,08963
11	0,81331	0,73496	0,80668	0,13871
12	-0,21062	0,89021	—	—
Eigenwert e_I	5,40559	6,09094	5,81575	
Varianz-anteil in %	45,0	50,8	58,2	

Die standardisierten Reihen z_{it} werden schließlich mit den Gewichten g_i multipliziert, um die Monatswerte des Gesamtindikators I_t zu berechnen [STURM (1971), S. 41]:

$$I_t = \sum_{i=1}^{n} g_i \cdot z_{it} \ . \qquad (3.15)$$

Der hier vorgestellte Gesamtindikator nach STURM zeichnet sich vor allem durch einen sehr ruhigen Verlauf aus (Schaubild 3/7). Die konjunkturellen Umkehrpunkte treten deutlich hervor. So steigt der Indikator von Mai 1983 bis Juli 1985. Der zweite untere Umkehrpunkt in den achtziger Jahren ist im August 1987 auszumachen, woraufhin eine erneute Aufschwungphase bis Anfang des Jahres 1990 einsetzt.

Schaubild 3/7: Der Gesamtindikator nach STURM

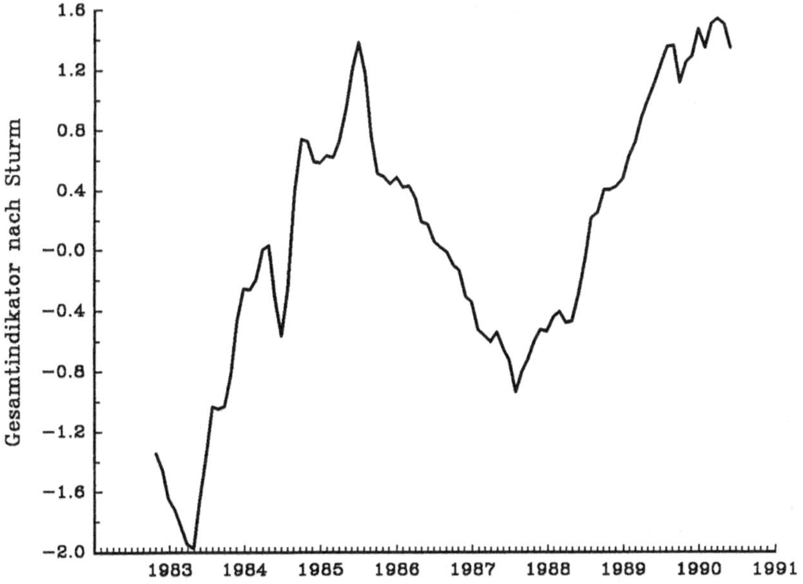

Die Berücksichtigung der Lead–Lag–Struktur hat offensichtlich zu einer stärkeren Korrelation zwischen den Einzelreihen geführt und damit die Verlaufsglätte und die Konjunkturkonformität des Gesamtindikators spürbar verbessert. Die sich anschließende Hauptkomponentenanalyse hat ein übriges dazu beigetragen, daß für den Untersuchungszeitraum zuverlässige Aussagen über die konjunkturelle Entwicklung möglich sind.

Gleichwohl ist an dieser Stelle eine methodische Anmerkung zu der Behauptung von STURM erforderlich, sein Gesamtindikator weise einen Vorlauf gegenüber dem SVR-Gesamtindikator auf [STURM (1971), S. 24]: Grundsätzlich kann der Gesamtindikator nach STURM bei der hier vorgegebenen Auswahl von Einzelreihen aus theoretischen Überlegungen heraus der gesamtwirtschaftlichen Entwicklung nicht vorauslaufen. Die Begründung liegt darin, daß der Vorlauf der *Auftragseingänge* zugunsten der Korrelation aufgegeben wird. Mit Ausnahme der *Anzahl der Arbeitslosen* werden alle übrigen neun Einzelreihen zeitlich nach rechts versetzt. Die Einzelreihen werden dabei auf einen Zeitpunkt verschoben, der bei der Berechnung der maximalen Summe der Bestimmtheitsmaße quasi als Nullpunkt, das heißt ohne Vorlauf und Nachlauf, ermittelt wurde. Somit gehören nach der Verschiebung im Prinzip alle zehn Reihen zur Kategorie der gleichlaufenden Indikatoren. Die Berücksichtigung der Lead-Lag-Struktur ist aus konzeptioneller Sicht an die Bedingung geknüpft, daß alle verwendeten Einzelreihen einen deutlichen Vorlauf gegenüber der durch die Referenzreihe beschriebenen konjunkturellen Entwicklung besitzen. Nur so können letztlich die Einzelreihen derart verschoben werden, daß sie einen neuen gemeinsamen Nullpunkt aufweisen, der der Referenzreihe hinreichend deutlich vorausläuft.

3.5 Vergleichende Beurteilung

Ein Vergleich, der in diesem Abschnitt dargestellten Verdichtungsverfahren, wird anhand von drei Beurteilungskriterien vorgenommen. Zunächst wird der Zusammenhang der Einzelreihen in den einzelnen Gesamtindikatoren mit Hilfe des Kohärenzmaßes κ untersucht. Im Anschluß werden die Verfahren einer spektralanalytischen Beurteilung unterzogen: Dabei geht es um den Vergleich der Beziehung zwischen Gesamtindikatoren und Referenzreihe (geglättete Veränderungsraten des Nettoproduktionsindexes); im Rahmen der Kreuzspektralanalyse werden zum einen die Kohärenz und zum anderen die Phasenverschiebung ermittelt. Als erstes werden die sechs Ansätze der Abschnitte 3.1 bis 3.3 analysiert. Anschließend wird der Gesamtindikator nach STURM betrachtet. Dessen kürzerer Beobachtungszeitraum macht eine eigenständige Untersuchung erforderlich und läßt auch nur einen entsprechend eingeschränkten Vergleich mit den vorgenannten Ansätzen zu.

Das *Kohärenzmaß* κ zeigt an, welcher Anteil der Gesamtvarianz aller Reihen eines Gesamtindikators durch die jeweiligen Monatsmittelwerte erklärt wird.[8] Je größer der Wert κ ausfällt, desto enger ist der Zusammenhang zwischen den Einzelreihen, und desto höher ist die Zuverlässigkeit des Gesamtindikators zu bewerten. Bei der Darstellung der drei Ansätze der Diffusionsindexbildung sind die starken erratischen Schwankungen negativ aufgefallen, und der erklärte Varianzanteil liegt unter 14 vH (Tabelle 3/6). Bessere Ergebnisse erzielen die Ansätze auf Basis der Signalwertmethode und der Standardisierung.

Tabelle 3/6: Vergleich der Gesamtindikatoren anhand des Kohärenzmaßes κ

Gesamtindizes	κ
Diffusionsindex	0,12490
'Average Duration of Run'–Index	0,13548
'Duration Rate'–Index	0,12970
GlaDD–Indikator	0,19010
SVR–Gesamtindikator	0,30041
MNV–Indikator	0,32892

[8] Ausgehend von der einfachen Varianzanalyse kann ein Kohärenzmaß definiert werden, dem eine Zerlegung der Abweichungen *zwischen* den n Gruppen (=Monatswerte der m Einzelreihen) und *innerhalb* der Gruppen zugrunde liegt [NEUBAUER (1975), S. 190 ff.]. Als Gütemaß kann der Anteil der Gesamtvarianz verwendet werden, der durch Schwankungen der Gruppenmittel bedingt ist. Von den Gruppenmittelwerten wird angenommen, daß sie einem systematischen Einfluß — der Konjunktur — unterliegen. Um die Berechnung des Kohärenzmaßes zu vereinfachen und die Zeitreihen vergleichbar zu machen, werden standardisierte Werte z_{ij} für jede Einzelreihe zugrundegelegt, so daß sich das Kohärenzmaß κ folgendermaßen berechnen läßt:

$$\kappa = \frac{m \cdot \sum_{i=1}^{n} \bar{z}_i^2}{m \cdot n} = \frac{1}{n} \cdot \sum_{i=1}^{n} \bar{z}_i^2. \tag{3.16}$$

Es handelt sich um ein Gütemaß, an dem man ablesen kann, in welchem Umfang die Gesamtvarianz aller Reihen durch die jeweiligen Monatsmittelwerte erklärt wird. Das Kohärenzmaß κ ist normiert auf Werte zwischen Null und Eins. Dabei ergibt sich ein Wert von $\kappa = 1$, wenn alle m Zeitreihen einen identischen Verlauf aufweisen. Demgegenüber erhält man $\kappa = 0$, wenn alle Gruppenmittelwerte den Wert Null haben.

Bei der Betrachtung der Verläufe des SVR–Gesamtindikators und des MNV–Indikators zeigt sich, daß bei beiden Ansätzen die konjunkturelle Entwicklung gut nachgezeichnet wird. Der etwas höhere Wert des Kohärenzmaßes bei dem MNV–Indikator folgt aus dem ruhigeren Verlauf, der auf einen Vorteil der Standardisierung gegenüber der Signalwertmethode hindeutet.

Wichtig für einen Konjunkturindikator ist freilich die enge Beziehung zur konjunkturellen Entwicklung, wie sie beispielsweise an der hohen Übereinstimmung der Verläufe von MNV–Indikator und Referenzreihe zu erkennen ist (Schaubild 3/8). An dieser Stelle sei auf eine grundsätzliche Schwierigkeit bei Vergleichen von konjunkturellen Gesamtindikatoren hingewiesen. Da die „Konjunktur" nicht als eine beobachtbare und damit eben auch nicht einfach meßbare Größe vorliegt, vergleicht man einen Gesamtindikator mit einer Referenzreihe. Somit ist bei der konkreten Bewertung von Gesamtindikatoren immer zu beachten, daß sowohl die Selektion als auch die Aggregation der Einzelreihen auf die speziell ausgewählte und aufbereitete Referenzreihe ausgerichtet werden.

Schaubild 3/8: Der MNV–Indikator im Vergleich zur Referenzreihe

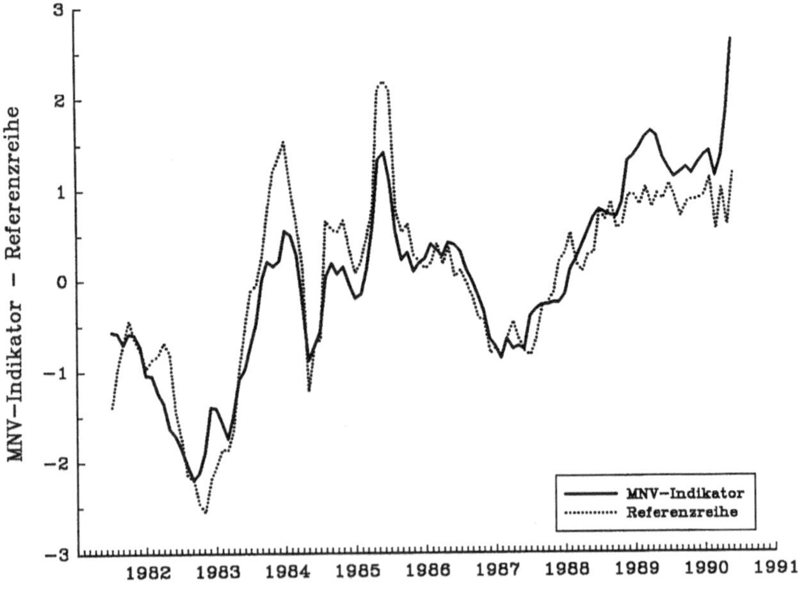

Im Rahmen einer *Spektralanalyse* geht es darum, sich anhand der Spektren zu versichern, daß die Konjunktur einen starken Einfluß auf die Gesamtindikatoren hat [HARVEY (1995), S. 210 ff.; SCHLITTGEN/STREITBERG (1999), S. 353 ff.]. Für Periodenlängen über zwei Jahre (Frequenz $\lambda < \frac{\pi}{12}$) sollen hohe Spektraldichten vorliegen, während kurze Wellenbewegungen keine Rolle spielen, also mit niedrigen Spektraldichten versehen sein sollen. Bei den Ansätzen der Diffusionsindexbildung, insbesondere beim Diffusionsindex, zeigen sich jedoch auch hohe Spektraldichten im Hochfrequenzbereich. Wesentlich klarer tritt die Konjunkturkonformität bei den drei übrigen Gesamtindikatoren hervor. Deren Spektren weisen jeweils hohe spektrale Masse im Niedrigfrequenzbereich und verschwindend niedrige Spektren im Hochfrequenzbereich auf (Schaubild 3/9).

Schaubild 3/9: Die Spektren des SVR–Gesamtindikators, des MNV–Indikators und des GlaDD–Gesamtindikators

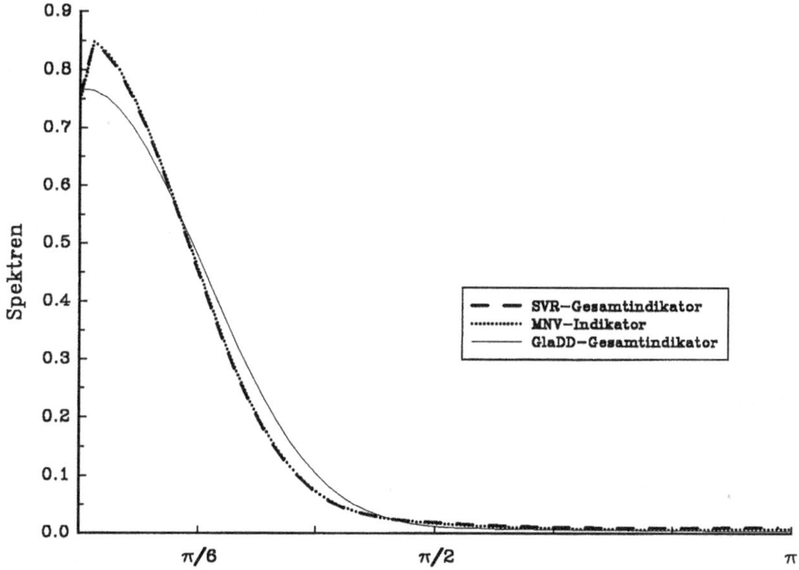

Mittels einer *Kreuzspektralanalyse* können zwei Prozesse in folgender Hinsicht miteinander verglichen werden [HARVEY (1995), S. 284 ff.]: Zum einen kann mit Hilfe des Kohärenzspektrums der Zusammenhang zweier Prozesse bezüglich

sich entsprechender Frequenzen untersucht werden. Zum anderen gibt das Phasenspektrum Hinweise darauf, ob und inwieweit die eine Reihe der anderen Reihe vorausläuft. Die Ergebnisse der vorgenommenen Kreuzspektralanalyse bestätigen den nicht hinreichenden Zusammenhang der drei Ansätze der Diffusionsindexbildung mit der konjunkturellen Entwicklung. Bei den relevanten Frequenzen werden keine Werte der Kohärenz von über 0,6 erzielt, wobei der einfache Diffusionsindex besonders schlecht abschneidet (Tabelle 3/7). Analog der Interpretation des Bestimmtheitsmaßes der Regressionsanalyse können also kaum 60 vH der Varianz durch diese Konjunkturindikatoren erklärt werden. Aufgrund des nur mäßigen Zusammenhangs zwischen den drei Gesamtindikatoren und der Referenzreihe kann auch der in den Phasenspektren zu erkennende Lead nicht mehr zu einer positiven Beurteilung dieser drei Ansätze führen. Zur Konjunkturdiagnose erscheint die Vorgehensweise der Diffusionsindexbildung insgesamt wenig geeignet.

Tabelle 3/7: Vergleich der Gesamtindikatoren anhand einer Kreuzspektralanalyse

Gesamtindizes	Kohärenz*)	Phasenverschiebung**)
Diffusionsindex	0,37578	-11,46139
'Average Duration of Run'-Index	0,58994	-4,68665
'Duration Rate'-Index	0,57571	-2,56416
GlaDD-Indikator	0,66499	-0,73712
SVR-Gesamtindikator	0,91218	+0,54032
MNV-Indikator	0,91390	+0,60447

*) Durchschnittliche Kohärenz für Frequenzen $\lambda < \frac{\pi}{12}$.

**) Ermittelt für eine Periodenlänge von 54 Monaten.

Zu einem günstigeren Urteil gelangt man bei der Untersuchung der übrigen Gesamtindikatoren. Sehr aufschlußreich ist bei diesem Vergleich die Kohärenz, die bereits für den GlaDD-Gesamtindikator höher liegt als bei den Verfahren der Diffusionsindexbildung. Der SVR-Gesamtindikator und der MNV-Indikator weisen mit über 0,9 noch wesentlich höhere Werte für die durchschnittliche

Kohärenz auf. Somit geben diese beiden Gesamtindikatoren die Konjunkturschwankungen gut wieder.

Jedoch muß kritisch angemerkt werden, daß anhand der Phasenspektren kaum ein Vorlauf festgestellt werden kann. Die Gesamtindikatoren zeigen ein etwa gleichlaufendes Bild. Während damit für die Vergangenheit die Konjunktur gut beschrieben werden kann, besteht am aktuellen Rand das Problem, daß die Indikatorwerte erst etwa drei Monate nach dem Beobachtungsmonat vorliegen. Somit erscheint eine Konjunkturprognose bei der hier untersuchten Reihenauswahl kaum möglich. Aufgrund der hohen Kohärenz sind die Ansätze des SVR–Gesamtindikators und des MNV–Indikators dennoch insgesamt positiv zu bewerten.

Abschließend sei der Gesamtindikator nach STURM untersucht, dessen Konstruktion auf die maximale Korrelation der Einzelreihen ausgerichtet ist. Die empirischen Ergebnisse bestätigen dieses Vorgehen. Das Kohärenzmaß κ beträgt 0,36073 und liegt damit höher als bei den sechs zuvor untersuchten Aggregationsverfahren. Dieser Gesamtindikator und die Referenzreihe zeichnen sich durch einen weitgehend übereinstimmenden Verlauf aus (Schaubild 3/10). Die durchschnittliche Kohärenz für Frequenzen $\lambda < \frac{\pi}{12}$ beträgt 0,75621. Beim spektralanalytischen Vergleich dieser Werte mit den vorgenannten Ansätzen muß der verkürzte Beobachtungszeitraum von nur 92 Zeitreihenwerten gegenüber 108 Werten berücksichtigt werden. Der prinzipielle Vorteil dieses Ansatzes sei an dieser Stelle noch einmal deutlich hervorgehoben: Ohne Zweifel gelingt es, durch die Berücksichtigung der Lead–Lag–Struktur die Korrelation zwischen den Einzelreihen zu erhöhen. Als Ergebnis zeigt sich ein sehr ruhig verlaufender Gesamtindikator. Des weiteren ist positiv anzumerken, daß die Monatswerte nicht aus verschiedenen Phasen im Konjunkturzyklus aggregiert und zu einem Durchschnittswert vermischt werden. Gleichwohl ist kritisch anzuführen, daß der Gesamtindikator nach STURM einen Lag gegenüber der Referenzreihe aufweist ($\tau = +3,36496$). Die Begründung ist darin zu sehen, daß der bereits oben erwähnte Zeitpunkt, auf den alle Einzelreihen verschoben werden, der Referenzreihe um zwei Monate nachläuft.[9)] Somit scheint dieser Indikator klare

[9)] Vgl. Tabelle 3/4, S. 74.

methodische Vorteile zu besitzen, die allerdings nur bei alleiniger Verwendung deutlich und stabil vorlaufender Zeitreihen ausgeschöpft werden können.

Schaubild 3/10: Der Gesamtindikator nach STURM im Vergleich zur Referenzreihe

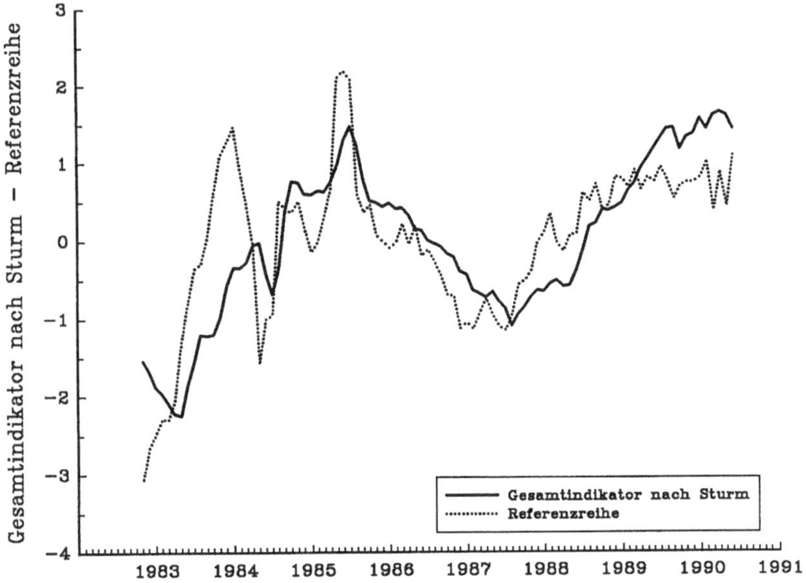

Als Fazit bleibt, daß unterschiedlich gute Ergebnisse aus dem gleichen Datenmaterial gewonnen werden können. Jedoch darf das Aggregationsproblem — die Wahl eines Verdichtungsverfahrens — nicht isoliert betrachtet werden. Insbesondere für den Ansatz nach STURM deutet sich an, daß erst eine verbesserte Selektion der Einzelreihen unter dem Gesichtspunkt eines stabilen Vorlaufs die methodischen Vorteile vollständig zum Tragen bringen kann.

4 Bekannte Gesamtindikatoren

Auf dem Weg zur Konstruktion neuer konjunktureller Gesamtindikatoren soll in diesem Kapitel ein Überblick über die wichtigsten derzeit publizierten Ansätze gegeben werden. Dabei wird vor allem das methodische Vorgehen kritisch analysiert. Im Zuge der Renaissance des Indikatorenansatzes bei der Konjunkturbeobachtung in den neunziger Jahren ist es zu einer Vielzahl von Gesamtindikatoren gekommen. Es kann daher im folgenden kein Anspruch auf Vollständigkeit erhoben werden, vielmehr dient als Auswahlkriterium neben dem Bekanntheitsgrad auch die Neuartigkeit des Ansatzes hinsichtlich des Einsatzgebiets und der zugrundeliegenden Datenbasis.

Für die bekanntesten Gesamtindikatoren in den überregionalen Tageszeitungen *Frankfurter Allgemeine Zeitung* und *Handelsblatt* gilt, daß sie dem Indikatorenansatz in Deutschland entscheidende Impulse gegeben haben. Außerdem haben sie das Instrument konjunktureller Gesamtindikatoren einem großen Leserkreis als eingängiges Element der Konjunkturbeobachtung nähergebracht. Allerdings sind diese Gesamtindikatoren für West- und Ostdeutschland getrennt konstruiert worden. Der Schwerpunkt der Konjunkturanalyse wird sich jedoch künftig auch durch die Umstellung der amtlichen Statistik auf das ESVG 95 noch stärker als bisher auf Gesamtdeutschland verlagern; gleichzeitig kann das Bruttoinlandsprodukt als Referenzreihe nur noch im gesamtdeutschen Aggregat herangezogen werden.

Ein ungleich umfangreicheres Einsatzgebiet ist im Zuge der Europäischen Währungsunion in den Vordergrund der laufenden Konjunkturanalyse gerückt. Vor allem seitens der volkswirtschaftlichen Abteilungen von Geschäftsbanken gibt es Versuche, konjunkturelle Gesamtindikatoren für den Euro-Währungsraum zu konstruieren. Überdies soll in diesem Kapitel auf Ansätze hingewiesen werden, die insbesondere auch durch den Einsatz von Umfrageergebnissen solche konjunkturrelevanten Aggregate abbilden, die von der amtlichen Statistik nur unzureichend erfaßt werden, wie beispielsweise die Dienstleistungen.

4.1 Der F.A.Z.–Konjunkturindikator

Die *Frankfurter Allgemeine Zeitung* veröffentlichte im Dezember 1989 erstmals den von LANGFELDT konstruierten F.A.Z.-Konjunkturindikator [LANGFELDT (1989), S. 19]. Das Ziel besteht darin, dem Leser bevorstehende konjunkturelle Umkehrpunkte in einer einzigen Größe frühzeitig anzuzeigen. Auf der Basis konjunkturtheoretischer Überlegungen werden dazu Zeitreihen verwendet, die der konjunkturellen Entwicklung deutlich und verläßlich vorauslaufen. Als Referenzreihe für die westdeutsche Konjunktur dient die Abweichung des *Indexes der Nettoproduktion im Produzierenden Gewerbe* (ohne Bauhauptgewerbe, saisonbereinigt) von seinem Trend. Aus Gründen der Aktualität und Zuverlässigkeit werden nur Reihen berücksichtigt, die spätestens zwei Monate nach dem Berichtsmonat vorliegen und keinen großen Revisionen ausgesetzt sind. LANGFELDT hat anhand dieser Kriterien die folgenden Einzelreihen für den F.A.Z.-Konjunkturindikator in seiner ursprünglichen Fassung ausgewählt:

- Auftragseingänge im Verarbeitenden Gewerbe in Westdeutschland (Volumen, insgesamt, saisonbereinigt),
- F.A.Z.-Aktienindex (Monatsendwert),
- Anzahl der Stellenangebote in der F.A.Z. (Summe des jeweiligen Monats),
- F.A.Z.-Renten-Rendite (öffentliche Anleihen mit zehn Jahren Restlaufzeit)*),
- Geldmenge M1,
- DM-Einfuhrpreise für Rohstoffe*).

*) Die Reihe geht mit umgekehrtem Vorzeichen in den Indikator ein.

Im Rahmen der Aggregation dieser Zeitreihen wird als erstes die prozentuale Veränderung gegenüber dem Vormonat berechnet; eine Ausnahme bildet die Reihe der *F.A.Z.-Renten-Rendite*, bei der die Differenzen verwendet werden. Die Reihe *Anzahl der Stellenangebote* wird mittels gleitender Dreimonatsdurchschnitte geglättet, da sich die Samstagsausgaben mit dem umfangreichen Stellenmarkt unterschiedlich auf die Monate eines Jahres verteilen.

Zum Zwecke der Vergleichbarkeit der Reihen untereinander werden die monatlichen Veränderungen durch ihren Mittelwert dividiert. Schließlich ergibt sich der Monatswert des F.A.Z.-Konjunkturindikators als ungewogenes arithmetisches Mittel der entsprechenden aktuellsten verfügbaren Monatswerte aller sechs Reihen, die somit gleichgewichtig berücksichtigt werden. Die monatlichen Veränderungen des Gesamtindikators werden seit Januar 1975 kumuliert, und der Jahresdurchschnitt des Jahres 1985 wird gleich 100 gesetzt. Letzteres ermöglicht den Vergleich mit der gleichermaßen basierten Referenzreihe.

Die Berechnung des F.A.Z.-Konjunkturindikators wurde von LANGFELDT im September 1993 modifiziert, da sich nicht zuletzt duch die deutsche Vereinigung für den Indikator relevante Veränderungen im wirtschaftlichen Umfeld ergeben hatten [LANGFELDT (1993), S. 17]. Das Vorhaben, einen gesamtdeutschen Indikator zu konstruieren, wurde mit Hinweis auf die unzureichende statistische Datenbasis für Ostdeutschland zurückgestellt. Nach wie vor bezieht sich der F.A.Z.-Konjunkturindikator auf die ökonomische Entwicklung im früheren Bundesgebiet.

Die Modifikationen betreffen sowohl die Selektion der Einzelindikatoren als auch deren Gewichtung. Neu aufgenommen wurden die folgenden Zeitreihen:

- Ifo–Geschäftsklimaindex für das Verarbeitende Gewerbe in Westdeutschland,
- Zinsdifferenz (Umlaufsrendite festverzinslicher Wertpapiere minus Zinssatz für Dreimonatsgeld),
- Realer Außenwert der D–Mark (gegenüber 18 Industrieländern, deflationiert mit den Verbraucherpreisen)*).

*) Die Reihe geht mit umgekehrtem Vorzeichen in den Indikator ein.

Die *Zinsdifferenz* ersetzt die beiden monetären Einzelreihen der *F.A.Z.–Renten–Rendite* und der *Geldmenge M1*, letztere hatte nach der deutschen Vereinigung in besonderem Maße ihre Eigenschaft als Frühindikator eingebüßt. Zudem werden die *Einfuhrpreise für Rohstoffe* aufgrund ihrer gesunkenen Bedeutung für die konjunkturellen Schwankungen nicht weiter berücksichtigt.

Tabelle 4/1: Gewichte g_i der Einzelindikatoren des F.A.Z.–Konjunkturindikators

Einzelindikatoren	ursprüngliche Version	aktuelle Version
Ifo–Geschäftsklima	–	0,32
Zinsdifferenz	–	0,27
Auftragseingänge	$0,1\bar{6}$	0,18
Realer Außenwert der D–Mark	–	0,13
F.A.Z.–Aktienindex	$0,1\bar{6}$	0,05
F.A.Z.–Stellenangebote	$0,1\bar{6}$	0,05
F.A.Z.–Renten–Rendite	$0,1\bar{6}$	–
Geldmenge M1	$0,1\bar{6}$	–
DM–Einfuhrpreise für Rohstoffe	$0,1\bar{6}$	–

Wie bisher werden zunächst die monatlichen prozentualen Veränderungsraten w_{it} der Einzelreihen berechnet (bei dem *Ifo–Geschäftsklima* und der *Zinsdifferenz* als Differenzen) und dann durch Division mit deren Reihenmittelwert $\bar{w}_i$ vergleichbar gemacht. In der modifizierten Berechnung des F.A.Z.–Konjunkturindikators wird die ungewichtete Aggregation der Einzelreihen aufgegeben. Mittels einer Regressionsanalyse für den Zeitraum der Jahre 1978 bis 1993 ermittelt LANGFELDT explizite Gewichte (Tabelle 4/1). Auffällig ist dabei, daß die drei F.A.Z.–eigenen Reihen ursprünglich ein Gewicht von insgesamt 50 vH hatten; in der aktuellen Version werden davon nur zwei Reihen verwendet, die lediglich ein Gewicht von zusammen 10 vH haben, was auf ihre verringerte Aussagekraft als Konjunkturindikatoren hindeutet.

Abschließend wird der Gesamtindikator I_t durch die Addition der gewichteten Einzelreihen ermittelt, kurz:

$$I_t = \sum_{i=1}^{6} \frac{w_{it}}{\overline{w}_i} \cdot g_i \ . \tag{4.1}$$

LANGFELDT sieht die konjunkturelle Entwicklung durch die modifizierte Berechnung besser nachgezeichnet, wohingegen sich der Vorlauf gegenüber der

Referenzreihe von drei Quartalen auf nurmehr zwei Quartale verkürzt hat (Schaubild 4/1).[1] Diese gleichwohl insgesamt positive Beurteilung des modifizierten F.A.Z.-Konjunkturindikators scheint bei genauer Betrachtung im wesentlichen auf die Entwicklung in den neunziger Jahren zuzutreffen. Hingegen treten in der Zeit vor der deutschen Vereinigung Schwierigkeiten bei der eindeutigen Identifikation konjunktureller Umkehrpunkte auf. Letztere liegen nach LANGFELDT dann vor, wenn der Gesamtindikator für mindestens fünf Monate um mindestens zwei Indexpunkte in eine (neue) Richtung weist. Sowohl der Beginn des Aufschwungs Anfang der achtziger Jahre als auch die konjunkturelle Abschwächung Mitte der achtziger Jahre sind schwer auszumachen. Überdies scheint die Stabilität des Vorlaufs vor oberen Umkehrpunkten zumindest in zwei Fällen nicht gewährleistet zu sein. Positiv gewendet zeigt der Gesamtindikator die Rezession Anfang der achtziger Jahre und die des Jahres 1993 ungefähr zwei Jahre im voraus an; negativ gewendet wird der vorherige Aufschwung hinsichtlich der Dauer und der Stärke unterschätzt.

Des weiteren muß mit Blick auf den Verlauf des modifizierten F.A.Z.-Konjunkturindikators aber nach wie vor kritisch angemerkt werden, daß die Amplitude der dargestellten konjunkturellen Schwankungen relativ gering ist. Dies wirkt sich — konstruktionsbedingt — vor allem hinsichtlich der Beobachtung von Abschwüngen negativ aus: Durch die Summierung der monatlichen Veränderungen erhält der F.A.Z.-Konjunkturindikator wieder einen positiven Trend, der die konjunkturellen Abschwünge in seiner Intensität unterzeichnet. Trotz des vergleichsweise stetigen Verlaufs in den neunziger Jahren wird die Konjunkturdiagnose dadurch in der Rückschau verzerrt. Die Auswirkungen der Rezession des Jahres 1993 waren gravierender — vor allem für den Arbeitsmarkt — als es der rasche Wiederanstieg des Gesamtindikators bis Ende 1994 anzeigt. Selbst die verwendete Referenzreihe der *Produktion im Produzierenden Gewerbe* (ohne Bauhauptgewerbe, saisonbereinigt) erreicht erst Mitte 1998 das Vorrezessionsniveau, da auch die konjunkturelle Abschwächung des Jahres 1995 deutliche Spuren in der deutschen Volkswirtschaft hinterließ.

---

[1] Das Datenmaterial wurde freundlicherweise von Prof. Dr. ENNO LANGFELDT, Fachhochschule Kiel, zur Verfügung gestellt.

Schaubild 4/1: Der F.A.Z.-Konjunkturindikator

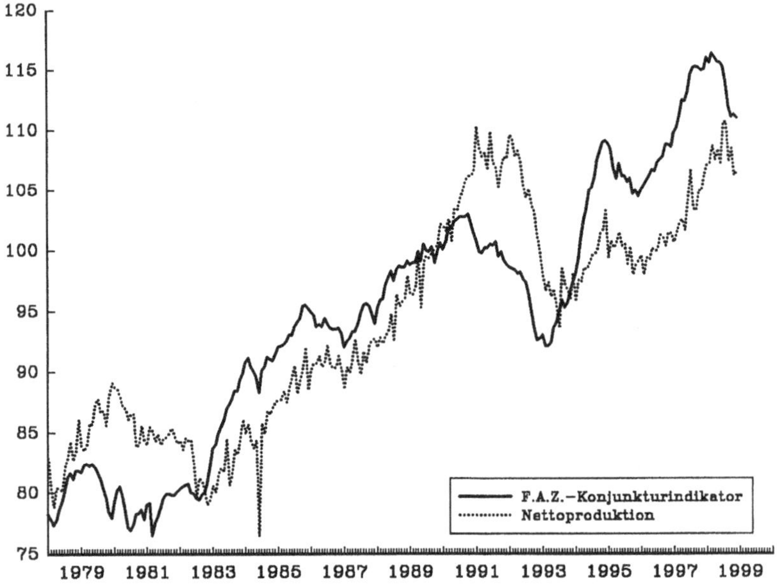

Überdies berücksichtigt LANGFELDT bei der Konstruktion seines Indikators die Lead-Lag-Struktur der Einzelreihen nicht. Dies hat indes negative Konsequenzen für die Stetigkeit des Gesamtindikators, da die in den Gesamtindikator einfließenden Monatswerte der Einzelindikatoren nicht unbedingt aus der gleichen konjunkturellen Phase stammen: Insbesondere am aktuellen Rand tritt die Bedeutung eines stetigen Verlaufs deutlich hervor. Zwar weist der F.A.Z.-Konjunkturindikator im Laufe des Jahres 1998 nach unten und kündigt eine konjunkturelle Abschwächung an. Der unruhige Kurvenverlauf zur Jahreswende 1997/98 trübt allerdings die Verläßlichkeit des Signals für den ohnehin schwer auszumachenden oberen Umkehrpunkt, auch wenn sich der Indikator ab März 1998 dann stetig verschlechtert. Anders als andere Frühindikatoren weist der F.A.Z.-Konjunkturindikator bereits im November 1998 wieder nach oben. Insgesamt müssen trotz der verbesserten Konjunkturkonformität in den neunziger Jahren die hier vorgebrachten Kritikpunkte sowohl zur Selektion als auch zur Aggregation hinsichtlich der Verläßlichkeit des F.A.Z.-Konjunkturindikators zur Konjunkturbeobachtung berücksichtigt werden.

4.2 Der Handelsblatt–Frühindikator

Im Januar 1992 veröffentlichte das *Handelsblatt* erstmals seinen Handelsblatt–Frühindikator; der von VAN SUNTUM konstruierte Gesamtindikator verfolgt das Ziel, konjunkturelle Umkehrpunkte in Westdeutschland frühzeitig anzuzeigen [VAN SUNTUM (1992), S. 5]. Um der gewünschten Frühwarnfunktion gerecht zu werden, weisen alle sechs ausgewählten Einzelindikatoren einen zeitlichen Vorlauf vor der Referenzreihe auf:

- Ifo–Geschäftsklimaindex für das Verarbeitende Gewerbe (ohne Nahrungs- und Genußmittelgewerbe) in Westdeutschland (saisonbereinigt),
- Einzelhandelsumsätze in Westdeutschland (real, saisonbereinigt),
- Auftragseingänge im Verarbeitenden Gewerbe in Westdeutschland (Volumen, saisonbereinigt),
- Auftragseingänge im Bauhauptgewerbe in Westdeutschland (Volumen, saisonbereinigt),
- Drei–Monats–Zins Fibor (Frankfurt inter bank offered rate, in % p.a.)*),
- Aktienindex des Statistischen Bundesamts.

*) Die Reihe geht mit umgekehrtem Vorzeichen in den Indikator ein.

Als Referenzreihe — auf die sowohl die Selektion der Reihen als auch deren Gewichtung streng ausgerichtet sind — dient das reale Bruttoinlandsprodukt, dessen Quartalswerte x_t in eine gleitende Jahresdurchschnittsrate w_t transformiert werden:

$$w_t = \frac{\sum_{i=t-3}^{t} x_i - \sum_{i=t-7}^{t-4} x_i}{\sum_{i=t-7}^{t-4} x_i} . \tag{4.2}$$

Indem also vierteljährlich die Veränderungsrate des Bruttoinlandsprodukts der letzten vier Quartale gegenüber dem Vorjahreszeitraum berechnet wird, ergibt sich für die Referenzreihe ein vergleichsweise glatter Verlauf; saisonale Schwankungen werden ebenfalls ausgeschaltet. Jeweils im letzten Quartal eines Jahres entspricht die so ermittelte Veränderungsrate dem bekannten kalenderjahrbezogenen Zuwachs.

Zu beachten ist, daß der Handelsblatt-Frühindikator ebenso wie die bisher vorgestellten Ansätze lediglich Tendenzaussagen im Hinblick auf die konjunkturellen Umkehrpunkte ermöglicht. Prognosen für die größenmäßige Entwicklung des Bruttoinlandsprodukts können und sollen damit nicht vorgenommen werden.

Seit Januar 1993 liegt eine modifizierte Version des Handelsblatt-Frühindikators vor [VAN SUNTUM (1993b), S. 8]. Unverändert geht es darum, mit dem Gesamtindikator eine möglichst hohe Korrelation mit der Referenzreihe (gleitende Jahresdurchschnittsrate des realen Bruttoinlandsprodukts) zu gewährleisten. Dazu wurde zunächst ein neuer Einzelindikator aufgenommen:

- Zinsdifferenz (Umlaufsrendite für festverzinsliche Wertpapiere minus Drei-Monats-Zins Fibor).[2)]

Der bisher verwendete *Drei-Monats-Zins* wird durch die *Zinsdifferenz* ersetzt, da VAN SUNTUM ihr einen engeren Zusammenhang mit der konjunkturellen Entwicklung zuschreibt. Überdies ist der *Aktienindex* aus dem Handelsblatt-Frühindikator vor allem aufgrund des vergleichsweise instabilen Vorlaufs wegen der hohen Bedeutung von Spekulationsmotiven und politischen Ereignissen herausgenommen worden.

Die Reihen der *Auftragseingänge* und der *Einzelhandelsumsätze* gehen nicht als Indexreihen, wie sie in der amtlichen Statistik veröffentlicht werden, in den Gesamtindikator ein, sondern als geglättete Veränderungsraten der jeweiligen Indexreihen. Brüche in den Zeitreihen werden dadurch abgefangen, daß über die Veränderungsraten der jeweils neuen Reihe eine Verknüpfung vorgenommen wird. Alle fünf Einzelindikatoren werden einer speziellen Glättung unterworfen, um einen etwa gleich langen Vorlauf vor der Referenzreihe zu

[2)] Seit Januar 1999 hat der Drei-Monats-Zins Euribor (Euro inter bank offered rate) den mit Beginn der Europäischen Währungsunion von der Deutschen Bundesbank nicht mehr ausgewiesenen Fibor abgelöst [o.V. (1999), S. 7].

erhalten. Tatsächlich kann aber beispielsweise der längere Vorlauf der *Zinsdifferenz* durch das Glättungsverfahren nicht ganz aufgefangen werden. Um die transformierten Reihen y_{it} für die Aggregation vergleichbar zu machen, werden sie in der aktuellen Version mit Mittelwert $\overline{y}_i$ und Standardabweichung s_i standardisiert. Ursprünglich war von den einzelnen Beobachtungswerten lediglich der Mittelwert abgezogen worden. Anschließend wird zu jedem standardisierten Monatswert der Skalar Eins addiert.

Für die Aggregation sind zwei Aspekte zu beachten: Zum ersten sind die fünf Reihen nicht gleichzeitig verfügbar. Da es sich jedoch um vorlaufende Indikatoren handelt, wird jeweils der neueste verfügbare Wert für die Berechnung des aktuellen Monatswerts des Handelsblatt–Frühindikators verwendet, woraus eine entsprechende Verschiebung der Reihen resultiert (Tabelle 4/2). So fließen beispielsweise die Werte des *Ifo–Geschäftsklimas* für Oktober 1998 und der *Einzelhandelsumsätze* für September 1998 in den aktuellen Indikatorwert für Dezember 1998 ein. Zum zweiten wird von VAN SUNTUM eine explizite Gewichtung der Einzelreihen vorgenommen, die sich aus empirischen Untersuchungen ergibt und sich in der aktuellen Version des Gesamtindikators gegenüber der ursprünglichen Gewichtung geringfügig verändert hat.

Tabelle 4/2: Zeitliche Verschiebung (in Monaten) und Gewichtung der Einzelindikatoren des Handelsblatt–Frühindikators

Einzelindikatoren	ursprüngliche Version		aktuelle Version	
	Verschiebung (in Monaten)	Gewichte g_i	Verschiebung (in Monaten)	Gewichte g_i
Ifo–Geschäftsklima	2	0,2	2	0,3
Einzelhandelsumsätze	3	0,2	3	0,3
Auftragseingänge, Verarbeitendes Gewerbe	3	0,2	3	0,2
Auftragseingänge, Bauhauptgewerbe	4	0,1	4	0,1
Zinsdifferenz	–	–	2	0,1
Drei–Monats–Zins	2	0,2	–	–
Aktienindex	2	0,1	–	–

Nach der Gewichtung werden die fünf Monatswerte summiert. Schließlich ergibt sich der Wert des Handelsblatt–Frühindikators, indem die Monatswerte mit 0,02 multipliziert werden. Dieser „Anpassungsfaktor“ entspricht der durchschnittlichen Zuwachsrate des als Referenzgröße gewählten realen Bruttoinlandsprodukts, so daß der indikator quasi um diesen Trend schwankt.

Formal läßt sich die gesamte Aggregation wie folgt beschreiben:

$$I_t = \left\{ \sum_{i=1}^{5} \left[\left(\frac{y_{it} - \bar{y}_i}{s_i} \right) + 1 \right] \cdot g_i \right\} \cdot 0,02 \ . \tag{4.3}$$

Folgende Überlegung ist wichtig, um die Aussagekraft dieses Gesamtindikators einschätzen zu können. Sowohl die Selektion der Reihen als auch deren Gewichtung sind auf eine hohe Korrelation mit der Veränderung des Bruttoinlandsprodukts als Referenzreihe ausgerichtet. Demzufolge zeigt sich graphisch ein hohes Maß an Übereinstimmung im Verlauf beider Reihen (Schaubild 4/2).[3] Eindeutig und mit zeitlichem Vorlauf werden die unteren Umkehrpunkte Ende 1982 und Mitte 1993 sowie der Abschwung nach dem Vereinigungsboom im Jahre 1991 angezeigt. Allerdings hat der Handelsblatt–Frühindikator in der zweiten Hälfte der achtziger Jahre einen sehr unruhigen Seitwärtsverlauf und gibt damit wenig Anhaltspunkte für die konjunkturelle Entwicklung. Dies dürfte unter anderem Ausdruck der Tatsache sein, daß die Lead–Lag–Struktur der fünf Einzelreihen durch das Glättungsverfahren nur unzureichend berücksichtigt wird.

Kritisch muß zudem angemerkt werden, daß der Handelsblatt–Frühindikator in den letzten fünf Jahren seine Vorlaufeigenschaft offensichtlich eingebüßt hat. Die Hochpunkte Anfang 1995 und Anfang 1998 sowie der untere Umkehrpunkt Ende 1996 werden von dem Gesamtindikator mit einem leichten zeitlichen Nachlauf angezeigt. Dies mag von einer Veränderung des Vorlaufverhaltens der hier ausgewählten Einzelindikatoren seit der deutschen Vereinigung herrühren. Eine derartige Verschiebung struktureller Beziehungen in der

---

[3] Das gesamte Datenmaterial, auch für das Konjunkturbarometer–Ost, und weitergehende Detailinformationen wurden freundlicherweise von Prof. Dr. Ulrich van Suntum, Universität Münster, zur Verfügung gestellt.

Volkswirtschaft ist der Hauptgrund dafür, daß der Indikatorenansatz generell in Abständen eine „Modellpflege“ erforderlich macht. Die letzte Modifikation datiert allerdings aus dem Jahre 1993, so daß die angesprochenen Veränderungen in den neunziger Jahren nicht aufgefangen werden konnten. Was bleibt ist der informatorische Vorlauf gegenüber den Volkswirtschaftlichen Gesamtrechnungen der amtlichen Statistik. Ungeachtet dieser Kritik — die aktuelle konjunkturelle Delle seit dem Frühjahr 1998 zeigt sich anhand des Frühindikators erst seit September 1998 — wird in den jüngeren Kommentierungen der Monatsergebnisse des Handelsblatt–Frühindikators dank des beschriebenen „Anpassungsfaktors“ auch dem quantitativen Niveau der Indikatorwerte eine gewisse Prognosekraft beigemessen. Insgesamt bleibt festzuhalten, daß dieser Gesamtindikator die konjunkturelle Entwicklung recht gut nachzeichnet; gleichwohl hat er an zeitlichem Vorlauf eingebüßt.

Schaubild 4/2: Der Handelsblatt–Frühindikator

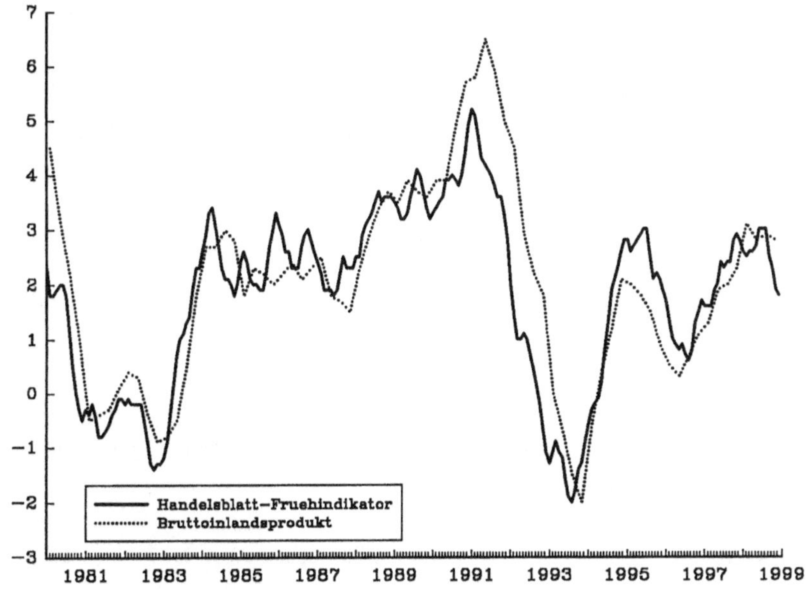

4.3 Das Konjunkturbarometer–Ost

Im Januar 1995 stellte VAN SUNTUM der breiten Öffentlichkeit erstmals einen konjunkturellen Gesamtindikator für die neuen Bundesländer im *Handelsblatt* vor [VAN SUNTUM (1995), S. 6]. Bis dahin war zum einen die wirtschaftliche Entwicklung in Ostdeutschland nach der Vereinigung charakterisiert durch einen Aufholprozeß mit anfangs sogar zweistelligen Zuwachsraten der Produktion; konjunkturelle Einflüsse wurden durch strukturelle Veränderungen der ostdeutschen Volkswirtschaft überlagert und waren daher zunächst nicht auszumachen. Zum anderen lag eine entsprechende Datenbasis nicht vor. Mitte der neunziger Jahre deutete sich allerdings an, daß sich der Einfluß der westdeutschen Entwicklung auf die der neuen Bundesländern derart verstärkt hatte, daß auch dort konjunkturelle Elemente an Bedeutung gewannen. Ungeachtet dessen ist aufgrund des relativ kurzen verfügbaren Stützzeitraums bei dem Konjunkturbarometer–Ost ein gerüttelt Maß an Unsicherheit hinzunehmen.

Als Referenzreihe dient — wie bereits beim Handelsblatt–Frühindikator — die gleitende Jahresdurchschnittsrate des realen Bruttoinlandsprodukts.[4)] Die mit dieser Transformation verbundene einfache Saisonbereinigung ist ein positiver Nebeneffekt; die herkömmlichen Verfahren der Saisonbereinigung können bis dato auf die kurzen Zeitreihen nicht angewendet werden. Um eine möglichst gute Anpassung des Gesamtindikators zu gewährleisten, werden als Einzelreihen nach spezifischer Glättung und Standardisierung die folgenden vier Indikatoren für die neuen Bundesländer ausgewählt:

- Auftragseingänge im Bauhauptgewerbe (Volumen),
- Ifo–Geschäftsklimaindex für das Verarbeitende Gewerbe (einschließlich Nahrungs– und Genußmittelgewerbe),
- Auftragseingänge im Verarbeitenden Gewerbe (Werte),
- Ifo–Geschäftsklimaindex für den Einzelhandel.

4) Vgl. die Gleichung (4.2), S. 91.

Die Einzelreihen sind nicht saisonbereinigt. Sie gehen am aktuellen Rand jeweils mit den jüngsten verfügbaren Daten in den Gesamtindikator ein und werden entsprechend ihres statistischen Zusammenhangs mit der Referenzreihe gewichtet. Schließlich werden die fünf gewichteten Einzelgrößen addiert und unter Verwendung zweier empirisch ermittelter Anpassungsfaktoren die Monatswerte des Konjunkturbarometer–Ost ermittelt. Dieses neue Beobachtungsinstrument für die neuen Bundesländer liegt seit dem zweiten Quartal 1992 vor. Wie beim Handelsblatt–Frühindikator wird ein zeitlicher Vorlauf gegenüber der Referenzreihe von einem Quartal erreicht.

Nachdem die wirtschaftliche Entwicklung in Ostdeutschland zunächst gut abgebildet werden konnte, verlor das Konjunkturbarometer–Ost seit der zweiten Jahreshälfte 1997 deutlich seine Indikatoreigenschaft. Daher stellte VAN SUNTUM im Mai 1998 eine überarbeitete Version seines Gesamtindikators für die neuen Bundesländer vor [VAN SUNTUM (1998b), S. 8]. Eine Reihe von Gründen machte diesen Schritt notwendig:

- Wegen des mit kaum fünf Jahren sehr kurzen Stützzeitraums war die Basis für die Vorhersagekraft des Gesamtindikators entsprechend unsicher.
- Die strukturellen Anpassungsprozesse in den neuen Bundesländern überlagerten immer noch die konjunkturellen Elemente, so daß die ursprüngliche Gewichtung der Einzelreihen nicht mehr angemessen war.
- Die Ergebnisse der Volkswirtschaftlichen Gesamtrechnungen für Ostdeutschland waren starken Revisionen unterworfen, so daß sich die zugrundeliegende Referenzreihe deutlich veränderte.
- Als besonderes Kennzeichen der wirtschaftlichen Entwicklung in den neuen Ländern erwies sich seit dem Jahre 1996 die Spaltung in ein kräftig expandierendes Verarbeitendes Gewerbe und eine rückläufige Aktivität im Bausektor, der sich in einer Strukturanpassungskrise befindet.
- Überdies wirkte sich negativ aus, daß in nicht vom Konjunkturbarometer–Ost abgedeckten Bereichen, wie etwa dem Dienstleistungssektor und dem Staat, eine divergente wirtschaftliche Entwicklung zu verzeichnen war.

Diese strukturellen Veränderungen in Ostdeutschland haben in der überarbeiteten Version ihren Niederschlag gefunden. Zum einen ist eine neue Einzelreihe enthalten:

- Ifo–Geschäftsklimaindex für die gewerbliche Wirtschaft in Ostdeutschland (saisonbereinigt).

Dieser Einzelindikator wird aus vier entsprechenden Klimaindizes für das Verarbeitende Gewerbe, das Bauhauptgewerbe, den Großhandel und den Einzelhandel zusammengesetzt. Auch werden nun die Auftragseingänge im Verarbeitenden Gewerbe volumenmäßig erfaßt, ebenso wie im Bauhauptgewerbe als Indexreihe auf der Basis des Jahres 1995, allerdings immer noch nicht — anders als die Ifo–Geschäftsklimaindizes — saisonbereinigt.

Zum anderen ist es zu merklichen Verschiebungen bei der Gewichtung der Einzelindikatoren gekommen. So ist die Bedeutung der Reihen des Verarbeitenden Gewerbes fast auf die Hälfte reduziert. Hinsichtlich der Standardisierung der Einzelreihen sind die bislang verzerrenden extremen Veränderungsraten kurz nach der Vereinigung nicht mehr in die Berechnungen eingegangen (Tabelle 4/3).

Tabelle 4/3: Zeitliche Verschiebung (in Monaten) und Gewichtung der Einzelindikatoren des Konjunkturbarometers–Ost

	ursprüngliche Version		aktuelle Version	
Einzelindikatoren	Verschiebung (in Monaten)	Gewichte g_i	Verschiebung (in Monaten)	Gewichte g_i
Auftragseingänge, Bauhauptgewerbe	2	0,1	2	0,4
Ifo–Geschäftsklima, Verarbeitendes Gewerbe	1	0,35	1	0,25
Auftragseingänge, Verarbeitendes Gewerbe	2	0,45	2	0,15
Ifo–Geschäftsklima, Einzelhandel	1	0,1	1	0,1
Ifo–Geschäftsklima, Gewerbliche Wirtschaft	–	–	1	0,1

Nach diesen Anpassungen mißt VAN SUNTUM dem Konjunkturbarometer–Ost weiterhin einen zeitlichen Vorlauf vor der Referenzreihe (gleitende Jahresrate des realen Bruttoinlandsprodukts) von einem Quartal in Verbindung mit einer zuverlässigen Konjunkturreagibilität des Gesamtindikators bei (Schaubild 4/3).

Schaubild 4/3: Das Konjunkturbarometer–Ost

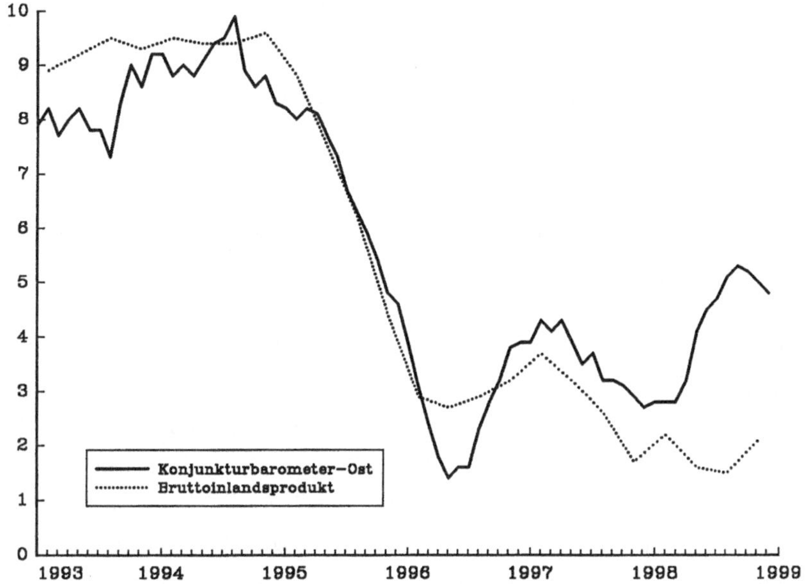

Anhand des Kurvenverlaufs der Referenzreihe fällt es schwer, von Konjunkturschwankungen in diesem recht kurzen Beobachtungszeitraum zu sprechen. Zu sehr sind die wirtschaftlichen Entwicklungen Ostdeutschlands noch struktureller Natur. Erschwert wird die Konstruktion eines aussagekräftigen Gesamtindikators vor allem durch seit Mitte der neunziger Jahre gegensätzliche Tendenzen im expandierenden Verarbeitenden Gewerbe und im schrumpfenden Baugewerbe. Vor diesem Hintergrund gelingt es dem Konjunkturbarometer–Ost recht gut, die Entwicklungsrichtungen der wirtschaftlichen Aktivität in den neuen Bundesländern abzubilden. Die Umkehrpunkte treten einigermaßen deutlich hervor, und der Indikatorverlauf ist vergleichsweise ruhig. Über das Jahr 1998 hinweg legte das Konjunkturbarometer–Ost zunächst mehr Optimismus nahe als in den Zahlen des Bruttoinlandsprodukts letztlich zum Ausdruck kam. Allerdings trüben sich am aktuellen Rand die wirtschaftlichen Perspektiven ein, und es deutet sich ein oberer konjunktureller Umkehrpunkt an. Anhand der Referenzreihe Bruttoinlandsprodukt kann die damit verbundene Konjunkturprognose weder verifiziert noch falsifiziert werden, da nur bis Ende 1998 die Zahlen der Volkswirtschaftlichen Gesamtrechnungen für beide Gebietsstände getrennt ausgewiesen werden.

4.4 Weitere Gesamtindikatoren

Über die drei bekanntesten Vertreter konjunktureller Gesamtindikatoren hinaus gibt es mittlerweile eine Vielzahl weiterer Ansätze. Diese unterscheiden sich unter anderem dadurch, daß sie sich auf andere Wirtschaftsräume oder auf einzelne Aggregate beziehen sowie spezielle Datenquellen benutzen. Eine vollständige Auflistung aller derzeit im Einsatz befindlichen Ansätze wird in dieser Arbeit nicht angestrebt. Vielmehr sind die im folgenden etwas detaillierter beschriebenen drei Gesamtindikatoren — das Wirtschaftswoche-Konjunkturbarometer für Deutschland, der DG Bank–Euro–Indikator für den Euro–Währungsraum und der ZEW Service Sentiment Indicator für den Dienstleistungssektor — als Stellvertreter zu sehen, die die Flexibilität des Indikatorenansatzes hinsichtlich verschiedener Fragestellungen belegen. Kurz erwähnt seien an dieser Stelle noch drei weitere Gesamtindikatoren:

- Seit dem Jahre 1993 publiziert die Gesellschaft für Konsum–, Markt– und Absatzforschung (GfK), Nürnberg, den GfK–Konsumklimaindex, der eine Indikatorfunktion für das mit etwa 60 vH in Relation zum nominalen Bruttoinlandsprodukt größte Nachfrageaggregat in Deutschland — die Konsumausgaben privater Haushalte — besitzt [Caspers (1993); GfK (1996); Kosfeld (1997)].

- Im Jahre 1995 wurde mit dem German Market Indicator (G–Mind) ein Stimmungsbarometer für den deutschen Finanzmarkt entwickelt, der auch auf dem in Abschnitt 4.4.1 beschriebenen ZEW–Finanzmarkttest beruht und sich aus vier Einzelindikatoren für die erwartete Entwicklung von Aktienkursen, Preissteigerungsraten, Geldmarktzinsen und Kapitalmarktzinsen zusammensetzt [ANDERS (1995); SZCZESNY/DORNAU/ANDERS (1997)].

- Der im Jahre 1996 vorgestellte Monetary Conditions Index (MCI) der Deutschen Bank Research soll unter Verwendung ausschließlich monetärer Variablen (Zinsdifferenz, Geldmarktzins, realer effektiver Wechselkurs) mit einem Vorlauf von zwei Quartalen konjunkturelle Umkehrpunkte der gesamtwirtschaftlichen Aktivität in Deutschland anzeigen [GRÄF/SCHONEBECK (1996)].

Insgesamt bestätigen auch diese Beispiele nachdrücklich das verstärkte Interesse an dem Einsatz konjunktureller Gesamtindikatoren in den neunziger Jahren.

4.4.1 Das Wirtschaftswoche–Konjunkturbarometer

Seit Oktober 1992 wird in der *Wirtschaftswoche* ein konjunktureller Gesamtindikator für Deutschland veröffentlicht. Er basiert einzig auf den Ergebnissen einer vom Zentrum für Europäische Wirtschaftsforschung (ZEW), Mannheim, seit dem Dezember 1991 durchgeführten Befragung im Rahmen des ZEW–Finanzmarkttests [MARNET (1996), S. 13 ff.]. Dabei werden die Einschätzungen von etwa 350 Finanzmanagern und Prognostikern vor allem von Banken, aber auch Versicherungen und Industrieunternehmen einbezogen. Diese relativ große Teilnehmerzahl und breite institutionelle Streuung gewährleistet eine repräsentative Markteinschätzung für den deutschen Finanzmarktbereich. Im einzelnen wird vor allem nach der aktuellen Lage und den mittelfristigen Erwartungen gefragt, die die Experten für die wichtigsten Finanzmärkte (Deutschland, Vereinigte Staaten, Japan, Vereinigtes Königreich, Frankreich, Italien) hinsichtlich der Entwicklung der Konjunktur, der Inflationsrate, der kurzfristigen und der langfristigen Zinsen, der Aktienkurse und der Wechselkurse haben.

Die Umfrageergebnisse werden in zweifacher Hinsicht ausgewertet und monatlich in der *Wirtschaftswoche* präsentiert. Im ersten Schritt wird das Wirtschaftswoche–Konjunkturbarometer ermittelt. Darüber hinaus wird im zweiten Schritt eine Prognose für die gleitende Jahresdurchschnittsrate des gesamtdeutschen Bruttoinlandsprodukts berechnet:[5)]

1. Aus dem umfangreichen Fragenkatalog werden für das Wirtschaftswoche-Konjunkturbarometer die qualitativen konjunkturellen Einschätzungen ausgewertet. Hinsichtlich der Beurteilung der konjunkturellen Lage stehen als Antwortkategorien „gut", „normal" und „schlecht" zur Auswahl. Die Konjunkturerwartungen für die nächsten sechs Monate sollen mit „eher günstiger", „eher gleichbleibend" oder „eher ungünstiger" angegeben werden. Ergänzend steht bei beiden Fragen die Antwort „keine Einschätzung" zur Verfügung. Für das Wirtschaftswoche-Konjunkturbarometer wird der Plus-Minus-Saldo der beiden Fragen nach der Konjunkturlage und der erwarteten Entwicklung verwendet. Die monatlichen Indikatorwerte sind berechnet als arithmetisches Mittel der zwei Komponenten.

2. Aus kategorialen Daten können quantitative Prognosen entwickelt werden [Geil/Zimmermann (1996); Marnet (1996), S. 42 ff.]. Die Besonderheit der Antwortkategorie „keine Einschätzung", die es in den Befragungen des Ifo-Instituts in dessen Konjunkturtest nicht gibt, soll einer Überbesetzung der mittleren Kategorie und damit einer Verzerrung der Antworten entgegenwirken. Die methodischen Grundlagen für den hier verwendeten Ansatz wurden ursprünglich zur Schätzung von Inflationserwartungen eingesetzt [Carlson/Parkin (1975)]. Diesem Verfahren liegen zwei Annahmen zugrunde: Erstens seien die individuellen Prognosen der Befragten normalverteilt, und zweitens gebe es ein symmetrisches Indifferenzintervall um den Basiswert als dem Durchschnittswert während des Befragungszeitraums, außerhalb dessen ein erwartetes Steigen oder Fallen auch als solches in den Antworten zum Ausdruck kommt, während ansonsten mit „eher gleichbleibend" geantwortet wird. Nach der Bestimmung der Schwellenwerte dieses Intervalls, etwa durch eine Setzung plausibler Werte, können Erwartungswert und Standardabweichung

5) Vgl. die Gleichung (4.2), S. 91.

der Normalverteilung ermittelt werden. Die Aufteilung der Flächen unter dieser Normalverteilung entspricht den aus der Befragung hervorgegangenen Prozentwerten für die drei Antwortkategorien. Zur Prognose wird der Erwartungswert herangezogen.

Schaubild 4/4: Das Wirtschaftswoche–Konjunkturbarometer

Das Wirtschaftswoche–Konjunkturbarometer zeichnet die Entwicklung der wirtschaftlichen Aktivität in den neunziger Jahren insgesamt gut nach (Schaubild 4/4).[6] Sowohl die Rezession des Jahres 1993 als auch die konjunkturelle Schwäche im Jahre 1995 treten deutlich und mit Vorlauf hervor. In den folgenden Jahren sind die Signale allerdings weniger deutlich und die konjunkturelle Dämpfung wird erst nach dem Juli 1998 klar angezeigt. Die jeweils aus diesem Gesamtindikator entwickelten Prognosen für das Bruttoinlandsprodukt im folgenden Quartal sind in dieser Arbeit zwar nicht von originärem Interesse. Zumindest sei aber die dabei verwendete Normalverteilungsannahme und die

[6] Das Datenmaterial wurde freundlicherweise von Dipl.–Volkswirt ROBERT DORNAU, ZEW, zur Verfügung gestellt.

Setzung des Indifferenzbereichs aus konzeptioneller Sicht kritisch betrachtet. Immerhin bleibt das Wirtschaftswoche–Konjunkturbarometer von Revisionen, wie etwa anläßlich der Umstellung der amtlichen Statistik auf das ESVG 95, unberührt und bietet nach wie vor Hinweise auf den konjunkturellen Fortgang im gesamten Bundesgebiet.

4.4.2 Der DG Bank–Euro–Indikator

Die DG Bank hat Ende 1998 einen ersten Versuch unternommen, die Konjunkturanalyse für die Gruppe der elf Mitgliedsländer der Europäischen Währungsunion mit Hilfe eines Gesamtindikators zu erweitern [DG BANK (1998), S. 15 ff.]. Die Monatswerte des Indikators werden seit Oktober 1998 in der *Frankfurter Allgemeine Zeitung* publiziert [HEISE/HOLSTEIN/JÄCKEL (1998), S. 21]. Hinsichtlich der konjunkturellen Entwicklung in den Volkswirtschaften des Euro–Währungsraums steht ein wachsender Bedarf an Informationen zunächst noch einer sehr begrenzten Qualität und Verfügbarkeit geeigneter statistischer Daten gegenüber. Bei der Verdichtung zum DG Bank–Euro–Indikator sollen prinzipiell nur Zeitreihen verwendet werden, die für den gesamten Euro–Währungsraum harmonisiert und aggregiert vorliegen. Dies kann derzeit noch nicht vollständig umgesetzt werden. Deshalb folgt der Gesamtindikator einer offenen Konstruktionsweise, nach der die einzelnen Komponenten schrittweise durch bessere, vollständigere oder schneller verfügbare Daten ersetzt werden können. Überdies werden nur Reihen verwendet, die einen stabilen Vorlauf vor der wirtschaftlichen Aktivität aufweisen. Schließlich gilt das Konstruktionsprinzip, daß die zum Berechnungszeitpunkt aktuellsten vorliegenden Daten in den Indikator Eingang finden.

Entscheidend für die Selektion der Einzelreihen ist zum einen die Aussagekraft für die konjunkturelle Entwicklung, was ihre theoretische Begründung, ihren zeitlichen Vorlauf und ihre gesamtwirtschaftliche Abdeckung anbelangt. Zum anderen geht es um die Verfügbarkeit der Daten mit Blick auf die Existenz europäischer Aggregate sowie die zeitliche Veröffentlichungspraxis. Anhand von Kreuzkorrelationen mit dem realen Bruttoinlandsprodukt (jeweils die Veränderungsraten gegenüber der Vorjahresperiode) als Maß für den Konjunkturzusammenhang werden neun Einzelindikatoren ausgewählt (Tabelle 4/4). Zu beachten ist, daß die hier vorgestellten Gewichte bereits der Aktualisierung dieses Gesamtindikators vom Januar 1999 entsprechen [DG BANK (1999), S. 4 ff.]. In der ursprünglichen Version wurden bei der *Zinsdifferenz* die deutschen Zinsen verwendet, die *reale Geldmenge* war noch in der Abgrenzung M2 aus nur vier Ländern berechnet, und der *Einkaufsmanagerindex* (Umfrage bei über 1.500 Industrieunternehmen für die Nachrichtenagentur Reuters) lag nur für Deutschland und Italien vor. Gegebenenfalls werden die Reihen für einzelne Länder mit ihrem Bruttoinlandsprodukt gewichtet zusammengefaßt, und teilweise werden für kleine Volkswirtschaften Daten geschätzt. In Zukunft sollen weitere Verbesserungen in der statistischen Datenbasis eingebaut werden.

Tabelle 4/4: Gewichte der Einzelindikatoren des DG Bank–Euro–Indikators

Einzelreihen	Gewichte
Zinsdifferenz (Euro–Benchmarkzinsen für zehnjährige Staatsanleihen minus Euribor–Satz für Drei–Monats–Geld)	0,396
Reale Geldmenge (Euro–Geldmenge M3 deflationiert mit dem harmonisierten Verbraucherpreisindex)	0,239
Einkaufsmanagerindizes (Reuters; Deutschland, Frankreich, Irland, Italien, Spanien)	0,104
Konsumentenvertrauen (Umfrage der Europäischen Kommission)	0,082
Auftragseingänge (Verarbeitendes Gewerbe; Deutschland, Italien, Niederlande)	0,053
Produktionserwartungen (Umfrage der Europäischen Kommission)	0,047
Offene Stellen (nur Deutschland)	0,044
Aktienindex (MSCI–Index)	0,020
Baugenehmigungen (Deutschland, Niederlande, Portugal, Spanien)	0,016

Quelle: Vgl. DG BANK (1999), S. 6.

Für die neun Indikatoren werden bei Niveaugrößen die prozentualen Veränderungen gegenüber dem Vormonat gemäß

$$w_t = 200 \cdot \frac{x_t - x_{t-1}}{x_t + x_{t-1}} = \frac{x_t - x_{t-1}}{\frac{x_t + x_{t-1}}{2}} \cdot 100 \tag{4.4}$$

ermittelt und bei den übrigen Reihen einfache Differenzen berechnet. Mit dieser Berechnungsweise („symmetric percent change formula") wird sichergestellt, daß positive und negative Veränderungen der Einzelreihen symmetrisch auf den Gesamtindikator wirken. Somit kehrt das Niveau des Indikators auf seinen Ausgangswert zurück, wenn beispielsweise auf einen Anstieg um 1 vH ein Rückgang von ebenfalls 1 vH folgt. Die so transformierten Einzelindikatoren werden verdichtet, indem zunächst der Kehrwert der Standardabweichung für jede Reihe berechnet wird. Durch Normierung dieser neun Größen auf Eins erhält man die für den DG Bank–Euro–Indikator verwendeten Gewichte der Einzelreihen, das heißt, daß eine Reihe ein um so höheres Gewicht hat je kleiner ihre Streuung ist.

Die Einzelreihen werden zur Aggregation derart verschoben, daß für den aktuellen Monat die jeweils letzten verfügbaren Werte der Einzelindikatoren in den Gesamtindikator eingehen, der zunächst als gewichtete Summe der neun Reihen berechnet wird. In einem zweiten Schritt wird das Niveau I_t des Indikators i_t für den Basismonat (Januar 1991) gemäß

$$I_t = \frac{200 + i_t}{200 - i_t} \tag{4.5}$$

und für die folgenden Monate gemäß

$$I_t = I_{t-1} \cdot \frac{200 + i_t}{200 - i_t} \tag{4.6}$$

berechnet und im letzten Schritt auf 1995 = 100 umbasiert.

Dem DG Bank–Euro–Indikator wird ein Vorlauf von etwa einem Quartal beigemessen: Korrelationsanalysen zu Folge besitzt der Indikator eine hohe Prognosekraft für das Bruttoinlandsprodukt im Euro–Währungsraum im aktuellen und im folgenden Vierteljahr. Die Indikatorwerte werden seit Januar 1991 ausgewiesen (Schaubild 4/5).[7] Mit Blick auf den Indikatorverlauf ist anzumerken, daß im Jahre 1993 eine rezessive Entwicklung diagnostiziert wird. Die sich anschließende konjunkturelle Aufwärtsentwicklung wird im Jahre 1995 wieder gebremst und verläuft danach wenig schwungvoll etwa bis Mitte 1998. Seither haben die Indikatorwerte wieder nachgegeben und lassen im Euro–Währungsraum entsprechend gedämpfte konjunkturelle Perspektiven für das Jahr 1999 vermuten.

Schaubild 4/5: Der DG Bank–Euro–Indikator

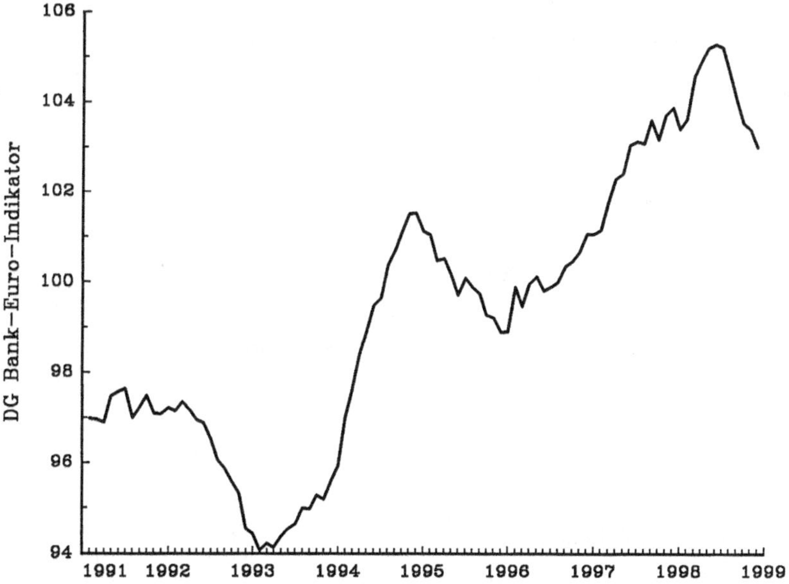

Der DG Bank–Euro–Indikator verfolgt mit der Früherkennung konjunktureller Umkehrpunkte für den gesamten Euro–Währungsraum ein ehrgeiziges Ziel. Dies gilt um so mehr, als die statistische Datenbasis noch nicht für alle Einzelindikatoren aggregierte und harmonisierte Angaben hergibt. Zweifellos dürfte sich die Aussagekraft des Gesamtindikators im Zuge der Bereitstellung umfassender konsistenter Statistiken für die Gruppe der elf Mitgliedsländer weiter

7) Das Datenmaterial wurde freundlicherweise von Dr. MICHAEL HOLSTEIN, DG Bank, zur Verfügung gestellt.

verbessern. Immerhin vermittelt sich dem Betrachter bereits jetzt ein Eindruck von der grundsätzlichen Entwicklung der europäischen Konjunktur.

Allerdings offenbart der Verlauf des Gesamtindikators zwei Schwächen, die konstruktionsbedingt sein dürften: Der Indikatorverlauf ist etwas unruhig und zeigt nur eine gering ausgeprägte Amplitude der konjunkturellen Schwankungen. Beides dürfte auf zwei Ursachen zurückzuführen sein:

- Die neun Komponenten decken zwar das wirtschaftliche Geschehen sehr breit ab, allerdings sind durch dieses Bemühen auch Reihen aufgenommen worden, die sich weniger gut eignen, wenn man beispielsweise auf einen ruhigen konjunkturreagiblen Verlauf rekurriert. Sowohl der *Aktienindex* als auch die *Baugenehmigungen* weisen eine sehr hohe Standardabweichung auf. Zwar besitzen diese Reihen demzufolge auch nur ein geringes Gewicht, was aber das Problem des unruhigen Verlaufs der beiden Komponenten im Gesamtindikator nicht grundsätzlich beseitigt. In diesem Zusammenhang besteht zudem die Gefahr der Überbestimmung durch die Aufnahme zu vieler Einzelindikatoren, so daß der Gesamtindikator aufgrund widersprüchlicher Einzelinformationen suboptimal ist [FUNKE (1997), S. 91].

- Ein noch gewichtigerer Kritikpunkt besteht darin, daß für jede der neun Komponenten der entsprechende Vorlauf vor der Referenzreihe mittels einer Korrelationsanalyse zwar ermittelt wird, diese Ergebnisse aber keine Berücksichtigung bei der Aggregation zum Gesamtindikator finden. So wird etwa dem Wachstum der *realen Geldmenge* ein Vorlauf von acht Monaten und den *Auftragseingängen* nur einer von zwei Monaten zugesprochen. Angesichts dieser beträchtlichen Unterschiede werden gemäß dem Konstruktionsprinzip der Verwendung aller verfügbaren Daten am aktuellen Rand Monatswerte der neun Einzelreihen addiert, die nicht unbedingt aus der gleichen konjunkturellen Phase stammen.

Diese beiden theoretischen Argumente stehen einem ruhigeren und damit zuverlässigeren Verlauf des DG Bank–Euro–Indikators entgegen.

4.4.3 Der ZEW Service Sentiment Indicator

Abschließend sei ein Gesamtindikator vorgestellt, der versucht, die wirtschaftliche Aktivität bei den unternehmensnahen Dienstleistungen abzubilden.[8] Wie bereits erwähnt, fehlt es an einer systematischen statistischen Erfassung des Dienstleistungssektors, die verfügbaren Einzelstatistiken decken nur einzelne Bereiche ab. Vor diesem Hintergrund wird bei dem am ZEW entwickelten Service Sentiment Indicator auf zwei Datenquellen zurückgegriffen. Zum einen werden hier die nicht–amtlichen Zahlen aus Volkswirtschaftlichen Gesamtrechungen verwendet, wie sie vierteljährlich vom Deutschen Institut für Wirtschaftsforschung (DIW), Berlin, errechnet werden. Zum anderen dienen Daten aus der Konjunkturumfrage des ZEW in Zusammenarbeit mit der Kreditauskunftei Verband der Vereine Creditreform, Neuss, bei etwa 1.000 unternehmensnahen Dienstleistern als Basis; diese Umfrage wird seit Juni 1994 vierteljährlich durchgeführt [Saebetzki (1994)].

Der exklusiv für die Nachrichtenagentur vereinigte wirtschaftsdienste vwd, Eschborn, konstruierte Service Sentiment Indicator wird seit April 1998 veröffentlicht und liegt vierteljährlich seit dem dritten Quartal 1994 vor. Bei der im März 1999 modifizierten Konstruktion wurde in drei Schritten vorgegangen [Kaiser (1999); Kaiser/Buscher (1998); Kaiser/Buscher (1999)]:

1. Zunächst werden aus der Konjunkturumfrage bei den unternehmensnahen Dienstleistern die Fragen nach der Beurteilung ihrer Situation im letzten Quartal und nach den Erwartungen für das kommende Vierteljahr mit den Antwortkategorien „besser“, „gleich“ und „schlechter“ ausgewertet. Durch eine Korrelationsanalyse werden Gewichte für die entsprechenden Antwortsalden hinsichtlich des Umsatzes (69,09 vH) und der Beschäftigung (30,91 vH) ermittelt und zum ersten Einzelindikator zusammengefaßt. Diese Komponente ist vorwärtsgerichtet und deckt die subjektive Einschätzung der Marktteilnehmer ab.

[8] Hier werden ausgewählte Wirtschaftszweige unternehmensnaher Dienstleistungen zu zehn Branchen zusammengefaßt: EDV–Dienstleister, Steuerberater und Wirtschaftsprüfer, Unternehmensberater, Architekten, technische Planer und Berater, Fahrzeugvermieter, Maschinenvermieter, Spediteure und Lagereien, Werbeagenturen sowie Unternehmen der Abfallwirtschaft.

2. Dann wird für die erste Differenz der Bruttowertschöpfung des Bereichs „Sonstige Dienstleistungen“ (Westdeutschland, real) aus den Volkswirtschaftlichen Gesamtrechnungen eine Regression mit den erklärenden Variablen Ifo–Geschäftsklima (Verarbeitendes Gewerbe), Ifo–Kapazitätsauslastungsgrad (Verarbeitendes Gewerbe und Gebrauchsgütergewerbe) sowie Index der Auftragseingänge (Investitionsgüterproduzenten) durchgeführt. Mit Hilfe dieser Schätzgleichung wird eine Prognose dieser Zeitreihe für das laufende Quartal vorgenommen, um den informatorischen Nachlauf der amtlichen Statistik von einem Quartal zu kompensieren. Mit dieser Komponente des Gesamtindikators wird die objektive Entwicklung abgedeckt.

3. Zuletzt werden die beiden Einzelindikatoren zu dem Service Sentiment Indicator aggregiert. Die Gewichtung hierfür wurde nicht regressionsanalytisch ermittelt, sondern nach mehreren Versuchen im Hinblick auf einen glatten Verlauf des Gesamtindikators auf 80 vH für die Reihe aus der Konjunkturumfrage und auf 20 vH für die Reihe aus den Volkswirtschaftlichen Gesamtrechnungen festgelegt. Indes wird darauf verwiesen, daß eine Sensitivitätsanalyse bezüglich der Gewichtung zu robusten Ergebnissen geführt hat.

Der Service Sentiment Indicator ist dimensionslos und dient der Einschätzung der aktuellen wirtschaftlichen Aktivität im Bereich unternehmensnaher Dienstleistungen; ihm wird kein nennenswerter Vorlauf zugesprochen. Der Rückgang des Indikators im Jahre 1995 deutet eine Verschlechterung der Lage im Dienstleistungssektor an und deckt sich mit der damaligen konjunkturellen Schwäche auf gesamtwirtschaftlicher Ebene (Schaubild 4/6).[9] Eine Eintrübung der Perspektiven bei den unternehmensnahen Dienstleistungen deutet sich auch am aktuellen Rand Ende des Jahres 1998 an.

[9] Das Datenmaterial wurde freundlicherweise von Dipl.-Volkswirt ULRICH KAISER, ZEW, zur Verfügung gestellt.

Schaubild 4/6: Der ZEW Service Sentiment Indicator

Bei diesem Gesamtindikator handelt es sich um den ersten Versuch, mit Hilfe des Indikatorenansatzes den Unzulänglichkeiten der statistischen Datenbasis im Dienstleistungssektor zu begegnen. Besteht ganz allgemein für Gesamtindikatoren die Notwendigkeit einer „Modellpflege“ in mehr oder weniger großen Abständen, so gilt dies für den Service Sentiment Indicator in besonderem Maße: Die zweite Komponente aus der Konjunkturumfrage liegt erst für einen sehr kurzen Zeitraum, nicht einmal einen kompletten Zyklus, vor. Darüber hinaus besteht für die Konstruktion des Gesamtindikators ein Problem darin, daß es keine Orientierung in Form der sonst üblichen Referenzreihe gibt. Vor allem über die Konjunkturumfrage soll ja erst etwas Licht in das Dunkel der wirtschaftlichen Aktivität bei den unternehmensnahen Dienstleistungen kommen. Diesem Anspruch scheint der Service Sentiment Indicator bislang gerecht werden zu können.

4.5 Zwischenfazit

Eine unmittelbar vergleichende Beurteilung der hier vorgestellten aktuellen Gesamtindikatoren ist problematisch. Dies liegt zum einem daran, daß sie teilweise erst seit sehr kurzer Zeit vorliegen, wodurch ihre Aussagekraft schwer einzuschätzen ist. Zum anderen — und dies gilt auch für die bereits arrivierten Gesamtindikatoren — verfolgen die Ansätze unterschiedliche Zielsetzungen, und die Konstruktion ist spürbar auf eine hohe Korrelation mit den entsprechenden Referenzreihen ausgerichtet. Dennoch lassen sich sowohl hinsichtlich der Lösung des Selektionsproblems als auch der des Aggregationsproblems einige Schlußfolgerungen für die sich im folgenden Abschnitt anschließende Konstruktion neuer konjunktureller Gesamtindikatoren gewinnen:

- Bezüglich der Selektion lassen sich weitreichende Gemeinsamkeiten ausmachen, da die zugrundeliegenden Auswahlkriterien bei der Konstruktion ähnlich sind. Ganz offensichtlich werden bei der Auswahl der Einzelreihen qualitative Informationen aus Umfragen bevorzugt. Dies resultiert vor allem aus der vergleichsweise schnellen Datenverfügbarkeit und dem Ausbleiben von Revisionen. Es geht sogar soweit, daß wie beim Wirtschaftswoche-Konjunkturbarometer oder beim ZEW Service Sentiment Indicator der Gesamtindikator allein aus Umfrageergebnissen oder um diese herum konstruiert wird. Auch die bekanntesten Gesamtindikatoren aus dem *Handelsblatt* und der *Frankfurter Allgemeine Zeitung* greifen auf qualitative Daten, vornehmlich Geschäftsklimaindizes des Ifo-Instituts, zurück. Bei den quantitativen Zeitreihen finden durchaus unterschiedliche Indikatoren Berücksichtigung, gleichwohl sind es häufig die *Auftragseingänge* und die *Zinsdifferenz*.

- Mit Blick auf die Bearbeitung der Einzelreihen zur Extraktion der konjunkturellen Komponente fällt auf, daß es vielfach bei einer einfachen Saisonbereinigung bleibt; teilweise werden Veränderungsraten gegenüber Vorperioden berechnet. Insgesamt wird also weniger Wert darauf gelegt, durch statistisch anspruchsvollere Transformationen alle nichtkonjunkturellen Einflüsse auf die selektierten Einzelreihen auszuschließen.

- Bei der Aggregation zum Gesamtindikator wird dessen Aussagefähigkeit häufig auf eine Referenzreihe für die konjunkturelle Entwicklung ausgerichtet. Infolgedessen werden die Gewichte für die einzelnen Komponenten häufig durch eine Korrelationsanalyse ermittelt. Für die weitere Zusammenfassung scheint es dann konsequent zu sein, die mit Standardabweichung und Mittelwert standardisierten Zeitreihen zu verwenden. Insoweit unterscheiden sich die verschiedenen Ansätze nur in Nuancen.

- Die bedeutsame Frage nach der Lead–Lag–Struktur der Einzelindikatoren wird bei der Aggregation der betrachteten Gesamtindikatoren ausgeblendet. Zwar sollen alle Reihen der gesamtwirtschaftlichen Aktivität möglichst zuverlässig vorauslaufen. Aber die unterschiedliche Länge des Vorlaufs findet keine Berücksichtigung, denn es werden jeweils alle verfügbaren Informationen verwendet, also geht am aktuellen Rand immer der jüngste vorliegende Wert eines Einzelindikators ein. Damit wird aber nicht berücksichtigt, daß durchaus Monatswerte aus unterschiedlichen Stadien im Zyklus der einzelnen Komponenten zum Gesamtindikator aggregiert werden. Ein Argument für dieses Vorgehen mag sein, daß auf die sehr frühzeitigen Signale von Einzelindikatoren mit langem Vorlauf nicht verzichtet werden soll. Eine Verschiebung der Reihen gemäß ihrer Lead–Lag–Struktur hat zwar einen geringeren gemeinsamen Vorlauf zur Folge. Dieser Effekt sollte jedoch durch den Gewinn an Stetigkeit am Vorlauf des Gesamtindikators und damit durch die höhere Zuverlässigkeit bei der Anzeige konjunktureller Umkehrpunkte überkompensiert werden.

Die Frage der Selektion der Einzelindikatoren ist offensichtlich vor allem in Abhängigkeit von der dabei verfolgten Zielsetzung und von der Auswertung des verfügbaren Datenmaterials zu beantworten. Unabhängig davon wie breit die ökonomische Aktivität abgedeckt werden soll, scheinen sich *Auftragseingänge* und *Ifo–Geschäftsklimaindizes* als geeignete Indikatoren herauszukristallisieren. Bei der Aggregation besteht sicherlich die Notwendigkeit einer Gewichtung der Einzelreihen. Einen theoretischen Einwand gegen die derzeit publizierten Gesamtindikatoren — die Nichtbeachtung der Lead–Lag–Struktur — gilt es, bei der Konstruktion neuer Gesamtindikatoren zu vermeiden.

5 Konstruktion neuer Gesamtindikatoren

In diesem Kapitel sollen insgesamt drei neue konjunkturelle Gesamtindikatoren konstruiert werden: für das frühere Bundesgebiet, für die neuen Bundesländer und für Deutschland. Sowohl die Kritikpunkte an den derzeit publizierten Gesamtindikatoren als auch der aktuelle Anlaß der Umstellung der amtlichen Statistik auf das ESVG 95 legen diesen Schritt nahe. Die Zielsetzung ist es, Gesamtindikatoren zu entwickeln, die die konjunkturelle Entwicklung mit einem möglichst stabilen Vorlauf gegenüber den Referenzreihen klar abbilden und vor allem möglichst zuverlässig auf Umkehrpunkte der wirtschaftlichen Aktivität hinweisen. Quantitative Prognosen für künftige Veränderungsraten gesamtwirtschaftlicher Variablen werden hier nicht angestrebt, und die Ordinatenwerte der in diesem Kapitel vorgestellten neuen Gesamtindikatoren dürfen auch nicht in diesem Sinne ökonomisch interpretiert werden.

Die Lösung des Selektionsproblems und des Aggregationsproblems ist im Prinzip für alle drei Gebietsstände identisch: Die Auswahl der Einzelindikatoren wird jeweils nur kurz beschrieben, da im wesentlichen auf Abschnitt 2.3 zurückgegriffen werden kann, in dem bereits deutlich wurde, daß sich bei genauer Betrachtung der Kreis potentieller Einzelreihen stark einschränkt. Deren anschließende Verdichtung setzt jeweils an der Ermittlung der Lead–Lag–Struktur mittels der Methode der Summe der Bestimmtheitsmaße an, bevor durch eine Hauptkomponentenanalyse die Gewichte der Einzelreihen im Gesamtindikator ermittelt werden. Hinsichtlich der Festlegung von Referenzreihen wird zweistufig vorgegangen: Zunächst dient für die Konstruktion die monatlich verfügbare Reihe des *Index der Nettoproduktion* als Orientierungsgröße. Anschließend wird das *Bruttoinlandsprodukt* herangezogen, da letzten Endes dies die Größe ist, deren Umkehrpunkte angezeigt werden sollen. Alle hier verwendeten Reihen spiegeln den Informations- und Revisionsstand von Mitte Mai 1999 wider.

Bei der Konstruktion der neuen Gesamtindikatoren kommen verschiedene statistische Methoden und Analyseinstrumente zum Einsatz. Soweit diese von besonderer Bedeutung für den hier verfolgten Indikatorenansatz sind, werden sie im nächsten Abschnitt kurz dargestellt. Während das Vorgehen in Abschnitt 5.2 bei der Konstruktion des westdeutschen Gesamtindikators detailliert beschrieben wird, werden die beiden darauffolgenden Indikatoren etwas kürzer dargestellt und vornehmlich im Hinblick auf deren Besonderheiten problematisiert. Im letzten Abschnitt werden die drei neuen konjunkturellen Gesamtindikatoren einer gemeinsamen kritischen Würdigung unterzogen.

5.1 Eingesetzte statistische Methoden

5.1.1 Konjunktur als Zeitreihenkomponente

In Modellvorstellungen wird davon ausgegangen, daß die Einflußgrößen auf die wirtschaftliche Aktivität in verschiedene Gruppen zusammengefaßt werden können. In der empirischen Wirtschaftsforschung werden zur Beurteilung der konjunkturellen Entwicklung vier Zeitreihenkomponenten unterschieden [RINNE (1997c), S. 173]:

- *Trend* als langfristige Veränderung des Mittelwerts einer Zeitreihe durch systematische und andauernde Einflußgrößen,
- *Konjunktur* als mehrjährige, nicht notwendigerweise streng periodische Schwankung um den Trend aufgrund mittelfristiger Einflüsse,
- *Saison* als unterjährige Schwankung bedingt durch natürliche oder institutionelle Ursachen sowie Kalenderunregelmäßigkeiten,
- *Rest* als zusammengefaßte Komponente der nicht systematischen Einflußgrößen.

Ein grundsätzliches Problem der Zeitreihenanalyse ist es, daß sich keine der genannten Komponenten in der Realität direkt beobachten läßt. Vielmehr beruht eine Zeitreihenzerlegung auf im wesentlichen empirisch begründeten Modellvorstellungen, da die ökonomische Theorie zur konkreten Operationalisierung dieser Komponenten nur begrenzt Hinweise bietet. Die gebräuchlichen Analyseverfahren unterscheiden sich denn auch nicht nur in ihren Annahmen über das Zusammenwirken einzelner Komponenten (zum Beispiel additiv oder multiplikativ), sondern auch hinsichtlich ihrer Vorstellungen über die Charakteristika einzelner Komponenten. Vor diesem Hintergrund ist es bei einem Vergleich von Zerlegungsverfahren nicht möglich, von einem „richtigen" oder „falschen" Ansatz zu sprechen. Vielmehr ist die Methodenauswahl auf die entsprechende Zielsetzung hin vorzunehmen [HÖPFNER (1998), S. 949 ff.].

Schaubild 5/1: Komponenten ökonomischer Zeitreihen

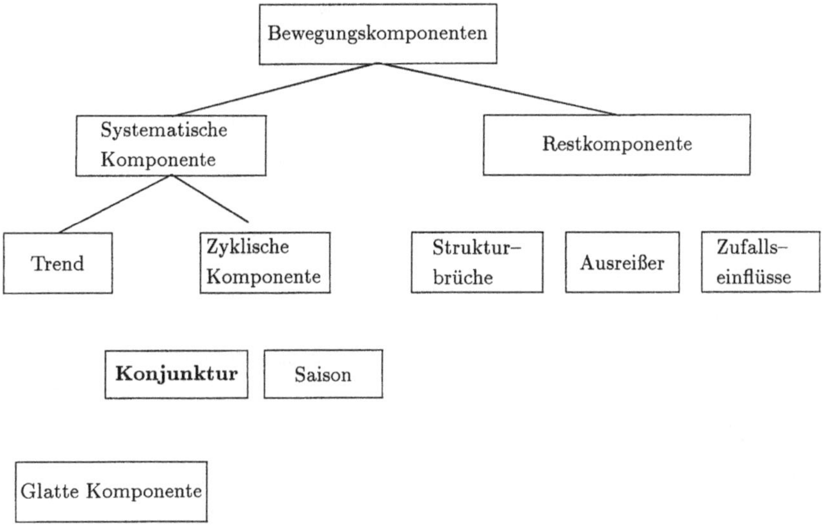

Quelle: Vgl. RINNE (1997c), S. 174.

Bei der Konstruktion neuer konjunktureller Gesamtindikatoren gilt es zu berücksichtigen, daß die Konjunktur zum einen mit der Saison zur *zyklischen Komponente* und zum anderen mit dem Trend zur *glatten Komponente* zusammengefaßt wird (Schaubild 5/1). Diese Stellung der Konjunkturkomponente erschwert ihre eindeutige Identifikation. Während Saisonbereinigungsverfahren wie das 'Berliner Verfahren' in der Version 'BV 4' oder die 'Methode X-11' des 'Bureau of the Census' in Washington eine recht gute Isolierung der Saisonkomponente ermöglichen, ist die Aufspaltung der glatten Komponente in Konjunktur und Trend schwieriger. Diese Trennung von Konjunktur und Trend (=Wachstum) ist in der Wirtschaftstheorie ähnlich problematisch [ASSENMACHER (1998b), S. 628 ff.]. So müssen etwa Annahmen über den funktionalen Verlauf des Trends gemacht werden, die der subjektiven Einschätzung des Anwenders unterliegen [VOSGERAU (1978), S. 484].

Um noch einen hinreichend transparenten Zusammenhang zwischen dem Ausgangsdatenmaterial und den für die Aggregation zum Gesamtindikator transformierten Einzelreihen zu gewährleisten, wird beim hier gewählten Vorgehen auf den Anspruch verzichtet, die verwendeten Reihen um sämtliche nicht-konjunkturelle Einflüsse zu bereinigen. Ausgehend entweder von den Ursprungswerten oder den mit dem Berliner Verfahren (BV 4) saisonbereinigten Zeitreihenwerten werden die untersuchten Einzelindikatoren lediglich zwei leicht nachvollziehbaren Transformationen unterworfen. Sie werden zunächst mit dem gewogenen gleitenden (nicht-zentralen) Dreimonatsdurchschnitt

$$y_{i,t} = \frac{1}{2} \cdot x_{i,t} + \frac{1}{3} \cdot x_{i,t-1} + \frac{1}{6} \cdot x_{i,t-2} \tag{5.1}$$

geglättet und anschließend, um sie vergleichbar zu machen, mit dem Mittelwert und der Standardabweichung der Reihen von Januar 1978 bis Dezember 1998 für Westdeutschland und von Januar 1991 bis Dezember 1998 für Ostdeutschland und Deutschland standardisiert. Für die Gegenüberstellung des Gesamtindikators mit dem Bruttoinlandsprodukt werden zum einen die Indikatorwerte quartalisiert, indem jeweils das arithmetische Mittel aus den drei Monatswerten eines Quartals berechnet wird. Zum anderen wird das mit BV 4 saisonbereinigte reale Bruttoinlandsprodukt zunächst gemäß der Formel

$$w_t = \frac{\sum_{i=0}^{3} x_{t-i}}{\sum_{i=0}^{3} x_{t-i-4}} \tag{5.2}$$

als gleitender Jahresdurchschnittsfaktor umgeformt, dann nach Gleichung (5.1) geglättet und abschließend standardisiert.

5.1.2 Maximale Summe der Bestimmtheitsmaße

Die maximale Summe der Bestimmtheitsmaße ist ein Hilfsmittel, um anhand von Korrelationen Aussagen über zeitliche Beziehungen mehrerer Zeitreihen zueinander zu ermöglichen. Man spricht in diesem Zusammenhang von einer Lead–Lag–Struktur und beschreibt damit die Situation, daß die Umkehrpunkte der konjunkturellen Schwankungen in den einzelnen Reihen zeitlich versetzt zu beobachten sind. Die Idee ist, durch zeitliche Verschiebung der Einzelreihen gegeneinander den maximalen linearen Zusammenhang zu finden. Betrachtet man lediglich die paarweisen Korrelationen (Methode der Reihenkorrelation), kann es zu widersprüchlichen Ergebnissen kommen. Demzufolge ist es erforderlich, alle n ausgewählten Reihen simultan zu untersuchen. Zunächst wird jede Reihe einer ökonomisch plausiblen Verschiebung unterzogen, so daß eine erste Konfiguration von in den Abschnitten 5.2 bis 5.4 jeweils fünf betrachteten Zeitreihen entsteht. Durch davon ausgehende weitere zeitliche Verschiebungen der Einzelreihen gegeneinander ergibt sich eine Vielzahl von Konfigurationen, die miteinander verglichen werden. Mit Hilfe der Summe der Bestimmtheitsmaße [Sturm (1971), S. 36]

$$K = \sum_{j=1}^{n} \sum_{k=1}^{n} r_{jk}^2 \quad \text{mit } n = 5 \tag{5.3}$$

werden beispielsweise die folgenden Konfigurationen analysiert:

$$x_{1,t+3},\, x_{2,t+1},\, x_{3,t},\, x_{4,t-5},\, x_{5,t+2} \qquad \text{und} \qquad x_{1,t+4},\, x_{2,t+1},\, x_{3,t},\, x_{4,t-5},\, x_{5,t+2}\ .$$

Die errechnete Größe K offenbart hierbei, ob die erste Reihe besser um drei oder um vier Monate nach rechts verschoben werden soll. K braucht jedoch nicht aus der gesamten Matrix der Korrelationskoeffizienten berechnet zu werden. Da $r_{jk} = r_{kj}$ gilt, wird die Summe der Bestimmtheitsmaße nur aus den oberhalb der Hauptdiagonalen liegenden Koeffizienten ermittelt:

$$K^* = \sum_{k=1}^{n-1} \sum_{j=k+1}^{n} r_{jk}^2\ . \tag{5.4}$$

Die Konfiguration mit der maximalen Summe der quadrierten Korrelationskoeffizienten K^*_{max} wird als in diesem Sinn „optimale“ Lead–Lag–Struktur bezeichnet. Gemäß den dabei gefundenen Ergebnissen werden die Einzelreihen verschoben, um die Aussagekraft des Gesamtindikators vor allem an den konjunkturellen Umkehrpunkten zu erhöhen.

5.1.3 Hauptkomponentenanalyse

Die Hauptkomponentenanalyse gehört zu den multivariaten Verfahren, in denen verschiedene Merkmale als gleichberechtigte Variablen untersucht werden. Sie steht in enger Beziehung zur Faktorenanalyse, die ÜBERLA folgendermaßen charakterisiert [ÜBERLA (1971), S. 3]:

> *„Das Hauptziel der Faktorenanalyse ist die Ableitung hypothetischer Größen oder Faktoren aus einer Menge beobachteter Variablen. Die Faktoren sollen möglichst einfach sein und die Beobachtungen hinreichend genau beschreiben und erklären.“*

Während hinter der Faktorenanalyse allerdings ein statistisches Modell steht, ist die Hauptkomponentenanalyse ein rein datenmanipulierendes Verfahren. Im Vordergrund der Hauptkomponentenanalyse steht die Zusammenfassung der Variablen mit dem Ziel maximaler Varianzerklärung, wohingegen bei der Faktorenanalyse in erster Linie die Kovarianzstruktur der beobachteten Variablen interessiert [FAHRMEIR/HAMERLE/TUTZ (1996), S. 661]. Die hier näher betrachtete Hauptkomponentenanalyse bietet im Rahmen des Indikatorenansatzes die Möglichkeit, aus den beobachteten Variablen, den Einzelreihen, eine Menge neuer, unkorrelierter Variablen, die sogenannten Hauptkomponenten, zu gewinnen. Die Hauptkomponenten können als Einflußgrößen auf die beobachteten Reihen interpretiert werden, wobei die erste Hauptkomponente den größten Anteil der Gesamtvarianz auf sich vereinigt und alle weiteren Hauptkomponenten nach fallendem Erklärungsgehalt geordnet werden. In Anbetracht der Tatsache, daß die Konjunktur die wichtigste Einflußgröße auf die Einzelindikatoren ist, kann die erste Hauptkomponente in diesem Kapitel als Konjunktur interpretiert werden.

Die Korrelationsmatrix $\mathbf{R}$ kann durch die standardisierte Datenmatrix $\mathbf{Z}$ ermittelt werden, in deren Spalten die beobachteten Variablen und in deren Zeilen die n Merkmalsausprägungen (= Monatswerte der Zeitreihen) stehen.

Beim Ansatz der Hauptkomponentenanalyse, die Ausgangsdaten durch eine Linearkombination hypothetischer Variablen zu rekonstruieren, spielen die Faktorladungen, die den Zusammenhang zwischen beobachteten und hypothetischen Variablen angeben, eine besondere Rolle. Die Faktorladungen sind wie Korrelationskoeffizienten zu interpretieren, so daß sich unter der Annahme unkorrelierter hypothetischer Variablen als Beziehung mit der Matrix **L** der Faktorladungen ergibt [FAHRMEIR/HAMERLE/TUTZ (1996), S. 661]:

$$\mathbf{R} = \mathbf{Z}' \cdot \mathbf{Z} = \mathbf{L} \cdot \mathbf{L}' \,. \tag{5.5}$$

Schaubild 5/2: Graphische Darstellung einer 14 × 2–Datenmatrix im Rahmen der Hauptkomponentenanalyse

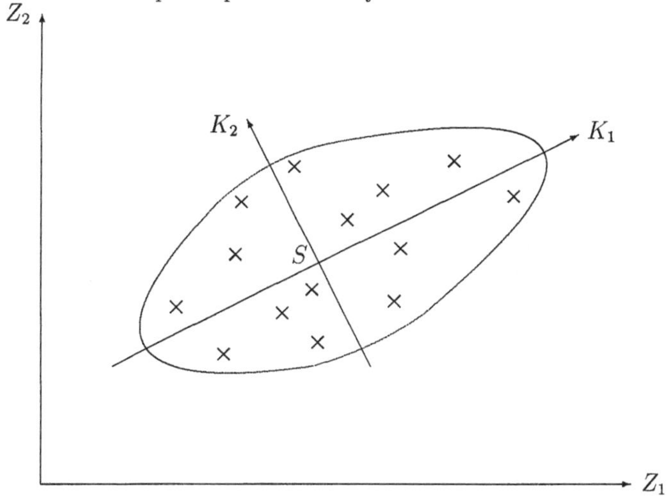

Quelle: Vgl. HARTUNG/ELPELT (1995), S. 529.

Zur graphischen Veranschaulichung der Hauptkomponentenanalyse am Beispiel einer 14 × 2–Datenmatrix werden 14 Monatswerte zweier Zeitreihen in ein zweidimensionales Koordinatensystem eingetragen (Schaubild 5/2). Unter der Annahme, daß die Reihen korreliert sind, ergibt sich eine ellipsenförmige Punktewolke. Es lassen sich zwei sich im Schwerpunkt S der Ellipse schneidende, orthogonale Hauptachsen K_1 und K_2 einzeichnen, wobei die erste Komponente K_1 den größtmöglichen Anteil der Gesamtvarianz erklären soll und die zweite Komponente die verbleibende Varianz.

5.2 Früheres Bundesgebiet

5.2.1 Zur Selektion

Die Datenbasis zur Konstruktion eines Gesamtindikators für Westdeutschland ist vergleichsweise günstig. Dies gilt sowohl für die Anzahl der verfügbaren Zeitreihen als auch für deren Länge; den hier vorgenommenen Untersuchungen liegen Daten der Jahre 1978 bis 1998 zugrunde. Für die Auswahl der Einzelreihen ist vor allem bedeutsam, inwieweit das konjunkturelle Muster der Referenzreihe — des *Index der Nettoproduktion im Produzierenden Gewerbe (ohne Bauleistungen)* in Westdeutschland — nachgezeichnet wird. Des weiteren wird ein stabiler zeitlicher Vorlauf der Einzelindikatoren angestrebt, um eine verläßliche Frühindikatoreigenschaft zu begründen. Überdies spielen Kriterien wie zeitnahe Datenverfügbarkeit und geringer Revisionsbedarf eine Rolle. Gemessen an diesen Anforderungen werden vier Zeitreihen herangezogen:

- Ifo-Geschäftsklima, Verarbeitendes Gewerbe (ohne Nahrungs- und Genußmittel), Salden der Ursprungswerte, früheres Bundesgebiet,
- Ifo-Fertigwarenlagerbeurteilung, Verarbeitendes Gewerbe (ohne Nahrungs- und Genußmittel), Salden der Ursprungswerte, früheres Bundesgebiet,*)
- Umlaufsrendite festverzinslicher Wertpapiere inländischer Emittenten, insgesamt, in % p.a.,*)
- Auftragseingänge im Verarbeitenden Gewerbe, Volumen, 1995=100, saisonbereinigt, früheres Bundesgebiet.

*) Die Reihe geht mit umgekehrtem Vorzeichen in den Indikator ein.

Die ersten drei Reihen unterliegen keinen Revisionen, demgegenüber werden bei den *Auftragseingängen* die zunächst verwendeten vorläufigen Werte im Folgemonat durch die entsprechenden endgültigen Daten ersetzt. Hinsichtlich der zeitlichen Verfügbarkeit hat diese Reihe zudem den Nachteil, daß sie erst um den 8. Tag eines Monats für den Vorvormonat veröffentlicht wird. Vor allem wegen der mit dem theoretischen Vorlauf begründeten Konjunkturkonformität kann aber auf die *Auftragseingänge* als Einzelkomponente des Gesamtindikators nicht verzichtet werden. Die *Umlaufsrendite* ist ohne zeitliche Verzögerung verfügbar, und die Daten des Ifo–Konjunkturtests werden immerhin um den 22. Tag eines Monats für den Vormonat bereitgestellt.

5.2.2 Zur Aggregation

Die vier ausgewählten Einzelreihen weisen unterschiedlich lange Vorläufe gegenüber der Referenzreihe auf. Um dies bei der Aggregation zum Gesamtindikator berücksichtigen zu können, soll zunächst die Lead–Lag–Struktur der fünf Reihen ermittelt werden. Durch zeitliche Verschiebung der Einzelreihen gemäß ihrer Lead–Lag–Struktur werden die Konjunkturschwankungen quasi „deckungsgleich" gemacht. Dies soll gewährleisten, daß bei der Aggregation die Monatswerte vergleichbarer Stadien im Konjunkturzyklus zusammengeführt werden, was sich günstig auf die Konjunkturkonformität und die Zuverlässigkeit des Gesamtindikators an den Umkehrpunkten auswirkt.

Der Idee der hier verwendeten Methode (Maximierung der Summe der Bestimmtheitsmaße) folgend wird die Konfiguration von zeitlichen Verschiebungen der vier Reihen mit der maximalen Summe der Bestimmtheitsmaße K_{max} als in diesem Sinne „optimale" Lead–Lag–Struktur bezeichnet (Tabelle 5/1). Ohne Verschiebung der Reihen liegt K lediglich bei 3,012. Bei „optimaler" Verschiebung ist $K_{max} = 4{,}746$ (bei dieser Konstellation beträgt zum Beispiel der Vorlauf des *Ifo–Geschäftsklimas* vor der Referenzreihe elf Monate). Gleichwohl kann diese „optimale" Verschiebung hier nicht zur Aggregation verwendet werden, denn bei einem derart konstruierten Gesamtindikator würden die konjunkturellen Umkehrpunkte in der ersten Hälfte der neunziger Jahre nicht mehr mit dem gewünschten Vorlauf abgebildet. Augenscheinlich haben sich in jüngster Zeit die zum Teil sehr langen Vorläufe der Einzelreihen verkürzt. Der hohe lineare Zusammenhang bei „optimaler" Verschiebung wird durch die großen Vorläufe und die damit unzureichende Berücksichtigung der Werte am aktuellen Rand vor allem in der Mitte der achtziger Jahre erzielt wird. Bezüglich des Vorlaufs in den neunziger Jahren blieben daher bei der „optimalen" Verschiebung zu viele Daten am aktuellen Rand bei den Einzelreihen unberücksichtigt, wodurch ein derart konstruierter Gesamtindikator einen unerwünschten zeitlichen Nachlauf aufweisen würde.

Tabelle 5/1: Vorlauf der vier Einzelreihen gegenüber der Referenzreihe für Westdeutschland (in Monaten)

Einzelreihen	ohne Verschiebung	bei „optimaler" Verschiebung	bei „gewählter" Verschiebung
Ifo–Geschäftsklima	0	11	4
Ifo–Fertigwarenlager	0	10	4
Umlaufsrendite	0	28	18
Auftragseingänge	0	4	3
K_{max}	3,012	4,746	4,308

Pragmatisch steckt hinter der „gewählten" Verschiebung folgende Überlegung: Der relativ stabile Vorlauf der *Auftragseingänge* gegenüber der Referenzreihe von drei Monaten wird zugrundegelegt, da die aktuellen Daten dieser Reihe zeitlich am spätesten verfügbar sind. Die übrigen Reihen gehen mit einer geringeren Verschiebung als eigentlich „optimal" in den Gesamtindikator ein, was zwar zu einem etwas niedrigeren $K_{max} = 4,308$ führt, aber den zeitlichen Vorlauf gegenüber der Referenzreihe vor allem am aktuellen Rand gewährleistet. Die Reihe der *Auftragseingänge* dient als Fixpunkt, da sie mit drei Monaten den geringsten Vorlauf vor der Referenzreihe besitzt. Die anderen drei Einzelindikatoren werden um die jeweilige Differenz ihrer längeren Vorläufe verschoben, also die beiden Ifo–Reihen um einen Monat und die Umlaufsrendite um 15 Monate. Konkret bedeutet dies, daß in den letzten Gesamtindikatorwert vom Dezember 1998 die *Umlaufsrendite* aus dem September 1997, die beiden Reihen des Ifo–Konjunkturtests aus dem November 1998 und die *Auftragseingänge* mit dem aktuellsten Wert einfliessen.

Für die Gewichtung der Einzelreihen zu einem Gesamtindikator wird eine Hauptkomponentenanalyse durchgeführt. Eine plausible Annahme ist es, daß alle vier Einzelindikatoren durch die Konjunktur als gemeinsamen „Faktor" beeinflußt werden; diese erste Hauptkomponente besitzt den höchsten Grad der Varianzerklärung. Die Faktorladungen der ersten Hauptkomponente sind ein Maß für den Zusammenhang zwischen Konjunktur (= Hauptkomponente I) und Einzelreihe. Als Ergebnis der Hauptkomponentenanalyse zeigt sich, daß durch Verschiebung der ausgewählten Einzelreihen die Varianzerklärung des gemeinsamen Faktors „Konjunktur" von 61 vH auf 72 vH bei „optimaler" Verschiebung und auf immerhin noch 71 vH bei der hier „gewählten" Verschiebung steigt (Tabelle 5/2). Damit läßt sich die Abweichung von der „optimalen" Verschiebung nicht nur inhaltlich begründen, sondern auch angesichts des geringen Verlustes an Varianzerklärung methodisch rechtfertigen.

Tabelle 5/2: Ergebnisse der Hauptkomponentenanalyse für das frühere Bundesgebiet

Hauptkomponente *I*	Einzelreihen	ohne Verschiebung	bei „optimaler" Verschiebung	bei „gewählter" Verschiebung
Faktorladungen	Ifo–Geschäftsklima	0,944	0,943	0,949
	Ifo–Fertigwarenlager	0,906	0,931	0,918
	Umlaufsrendite	0,433	0,799	0,786
	Auftragseingänge	0,739	0,708	0,705
Erklärter Varianzanteil		61 vH	72 vH	71 vH

Aus den Faktorladungen bei der „gewählten" Verschiebung können direkt die Gewichte der Einzelreihen abgeleitet werden, indem die Werte der Faktorladungen auf Eins normiert werden (Tabelle 5/3). Einen überdurchschnittlichen Einfluß auf den Verlauf des Gesamtindikators üben die beiden Ifo–Zeitreihen aus. Der vergleichsweise unruhige Verlauf der Reihe der Auftragseingänge führt dazu, daß dieser Einzelindikator mit dem geringsten Gewicht in den Gesamtindikator eingeht. Insgesamt unterscheidet sich das Gewichtungsschema aber nicht deutlich von der Gleichgewichtung.

Tabelle 5/3: Gewichte der Einzelreihen im westdeutschen Gesamtindikator

Einzelreihen	Gewichte
Ifo–Geschäftsklima	0,2826
Ifo–Fertigwarenlager	0,2734
Umlaufsrendite	0,2341
Auftragseingänge	0,2099

5.2.3 Der Indikatorverlauf

Gemäß der hier gewählten Lead–Lag–Struktur gehen die vier Einzelreihen jeweils mit den fettgedruckten Werten am aktuellen Rand in den Gesamtindikator für März 1999 ein (Tabelle 5/4). Die Monatswerte des Indikators werden schließlich als gewichtete Summe dieser so verschobenen Einzelreihen ermittelt.

Tabelle 5/4: Einzelreihen und Gesamtindikator für das frühere Bundesgebiet (Ursprungswerte und transformierte Zeitreihen)

Monat	Ifo–Geschäfts-klima		Ifo–Fertig-warenlager		Umlaufs-rendite		Auftrags-eingänge		**Gesamt-indikator**
Jan 97	-0,9	0,05	12,0	-0,36	5,1	1,32	103,1	0,97	0,1726
Feb 97	3,1	0,25	12,0	-0,24	4,9	1,40	104,0	0,89	0,3009
Mär 97	2,6	0,35	8,0	0,03	5,1	1,37	101,5	1,08	0,4125
Apr 97	7,4	0,52	6,0	0,29	5,2	1,35	107,0	1,10	0,5935
Mai 97	6,9	0,60	8,0	0,32	5,1	1,36	104,4	1,24	0,7020
Jun 97	8,5	0,68	6,0	0,40	5,0	1,39	107,5	1,23	0,7408
Jul 97	14,0	0,87	5,0	0,49	4,9	1,43	105,9	1,30	0,7736
Aug 97	16,4	1,06	5,0	0,56	5,1	1,39	107,4	1,38	0,8681
Sep 97	17,5	1,19	3,0	0,69	5,1	**1,35**	108,9	1,47	0,9471
Okt 97	16,5	1,21	2,0	0,81	5,2	1,27	109,3	1,48	1,0287
Nov 97	16,5	1,20	1,0	0,94	5,2	1,22	108,8	1,50	1,0789
Dez 97	18,0	1,24	3,0	0,88	5,1	1,27	109,6	1,55	1,1421
Jan 98	20,0	1,32	2,0	0,88	4,9	1,37	110,3	1,59	1,1771
Feb 98	18,0	1,32	1,0	0,94	4,7	1,50	110,8	1,61	1,2368
Mär 98	19,5	1,34	1,0	0,99	4,7	1,57	113,3	1,75	1,2970
Apr 98	17,4	1,29	4,0	0,85	4,8	1,56	108,8	1,62	1,3011
Mai 98	15,9	1,22	5,0	0,69	4,8	1,54	110,9	1,62	1,2640
Jun 98	15,4	1,16	6,0	0,54	4,7	1,56	109,2	1,54	1,1774
Jul 98	12,9	1,06	10,0	0,27	4,6	1,61	110,5	1,60	1,1227
Aug 98	7,5	0,85	9,0	0,16	4,4	1,71	108,5	1,50	1,0073
Sep 98	-1,7	0,45	8,0	0,18	4,1	1,86	109,0	1,48	0,9189
Okt 98	-6,6	0,07	10,0	0,12	4,0	1,98	106,6	1,36	0,7950
Nov 98	-7,6	**-0,15**	10,0	**0,07**	4,1	2,00	108,8	1,40	0,6708
Dez 98	-8,0	-0,22	13,0	-0,13	3,8	2,09	107,5	**1,37**	**0,5822**

Am aktuellen Rand weisen die beiden Ifo–Reihen seit dem März 1998 deutliche negative Veränderungen gegenüber dem Vormonat auf. Bei den Auftragseingängen zeigt sich, wenngleich etwas weniger stark ausgeprägt, ebenfalls seit März 1998 eine schwächere Entwicklung, während die entsprechenden Monatswerte der Umlaufsrendite im Verlauf des Jahres 1997 eher uneinheitlich sind. Insgesamt kommt es zu einem stetigen Rückgang der monatlichen Gesamtindikatorwerte seit dem April 1998.

Schaubild 5/3: Monatlicher Gesamtindikator und Referenzreihe für Westdeutschland

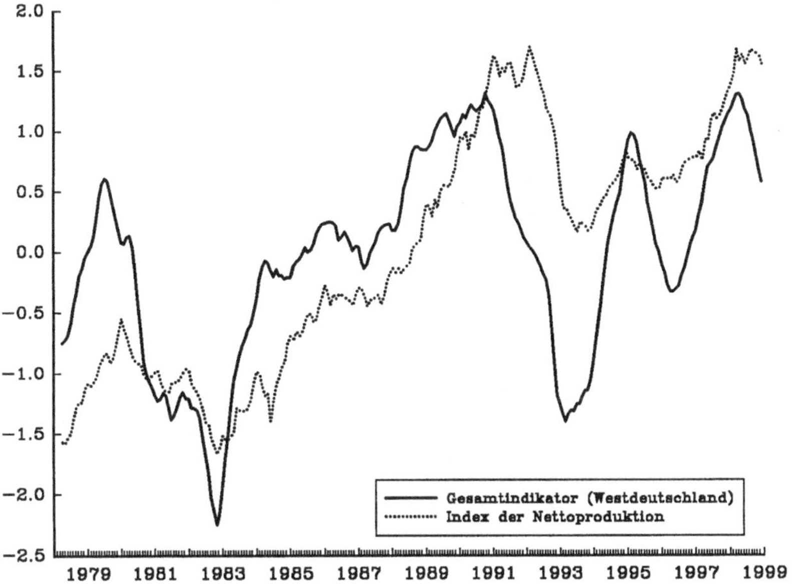

Dem auf diese Weise ermittelten Gesamtindikator sei zunächst die Referenzreihe des *Index der Nettoproduktion* gegenübergestellt (Schaubild 5/3). Wie bei der Suche nach der Lead–Lag–Struktur der Einzelindikatoren angedeutet, ist die Verschiebung auf eine möglichst hohe Aussagefähigkeit des Gesamtindikators in den neunziger Jahren ausgerichtet, so daß die Ergebnisse nach der deutschen Vereinigung im Vordergrund stehen. Der monatliche Indikator zeichnet sich durch ein hohes Maß an Stetigkeit im Verlauf aus, die konjunkturellen Schwankungen werden gut nachgezeichnet und die Umkehrpunkte der wirtschaftlichen Aktivität treten deutlich hervor. Insbesondere die letzte Rezession des Jahres 1993 wurde mit einem deutlichen Vorlauf zuverlässig angekündigt. Ähnlich eindeutig ist auch die konjunkturelle Abschwächung im weiteren Verlauf des Jahres 1995 zu erkennen, als die markante reale Aufwertung der D–Mark und die übermäßigen Lohnerhöhungen der damaligen Tarifrunde in einem Doppelschock deutliche Spuren in der Konjunktur hinterließen. Am aktuellen Rand legt der Gesamtindikator eine ähnlich gedämpfte Entwicklung im Jahre 1999 nahe wie gut drei Jahre zuvor. Seit dem letzten Hochpunkt im April 1998 weisen die Werte stetig nach unten. Dabei ist der Gesamtindikator dominiert von den beiden qualitativen Reihen des Ifo–Instituts. Die subjektiven Einschätzungen der Unternehmen haben sich markant eingetrübt, aber auch die Auftragseingänge haben — vor allem als Reflex auf die Asien–Krise — etwas nachgelassen.

Schaubild 5/4: Gesamtindikator und Bruttoinlandsprodukt für Westdeutschland

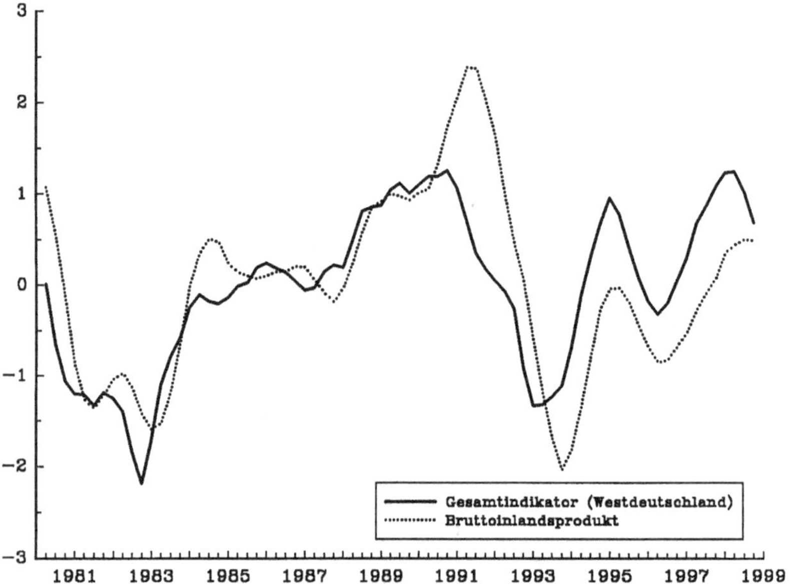

In einem letzten Schritt sei der Gesamtindikator für das frühere Bundesgebiet dem entsprechenden Bruttoinlandsprodukt gegenübergestellt. Entscheidend für die Qualität des Indikators ist dessen zeitlicher Vorlauf an den Umkehrpunkten (Schaubild 5/4). Die Reihe des Bruttoinlandsprodukts basiert

auf den letzten in der alten Systematik der Volkswirtschaftlichen Gesamtrechnungen vom Statistischen Bundesamt veröffentlichten Daten. In den neunziger Jahren zeichnet sich der quartalisierte Gesamtindikator durch einen eindeutigen und vor allem stabilen Vorlauf vor dem Bruttoinlandsprodukt aus: Die Vorhersagekraft gilt sowohl für die Rezession im Jahre 1993 als auch für die konjunkturelle Schwäche im Verlauf des Jahres 1995. Wendet man die Methode der Maximierung der Summe der Bestimmtheitsmaße an, so erhält man einen Lead von immerhin zwei Quartalen, wobei das Bestimmtheitsmaß $R^2 = 0,72$ beträgt. Der Blick auf den Verlauf des Indikators am aktuellen Rand legt eine konjunkturelle Eintrübung in der ersten Hälfte des Jahres 1999 nahe.

5.3 Neue Bundesländer

5.3.1 Zur Selektion

Der Konstruktion eines Gesamtindikators für Ostdeutschland liegen Daten für die Jahre 1991 bis 1998 zugrunde. Zur Lösung des Selektionsproblems wird als Referenzreihe der *Index der Nettoproduktion im Produzierenden Gewerbe (insgesamt)*, also einschließlich des Baugewerbes, herangezogen. Damit wird der Tatsache Rechnung getragen, daß die wirtschaftliche Aktivität in den neuen Bundesländern noch sehr viel stärker als in Westdeutschland vom Baugewerbe geprägt ist. Unbeschadet dieser Abweichung zum Vorgehen beim westdeutschen Indikator legt die Untersuchung der verfügbaren Zeitreihen für Ostdeutschland eine kaum veränderte Auswahl von vier Einzelindikatoren nahe:

- Ifo–Geschäftsklima, Verarbeitendes Gewerbe (einschl. Nahrungs– und Genußmittel), Salden der Ursprungswerte, Ostdeutschland,
- Ifo–Fertigwarenlagerbeurteilung, Verarbeitendes Gewerbe (ohne Nahrungs– und Genußmittel), Salden der Ursprungswerte, Ostdeutschland,*)
- Umlaufsrendite festverzinslicher Wertpapiere inländischer Emittenten, insgesamt, in % p.a.,*)
- Auftragseingänge im Vorleistungsgütergewerbe, Volumen, 1995=100, saisonbereinigt, Ostdeutschland.

*) Die Reihe geht mit umgekehrtem Vorzeichen in den Indikator ein.

Die Reihe der *Auftragseingänge* zeigt bei den Vorleistungsgüterproduzenten einen wesentlich glatteren Verlauf als beim Verarbeitenden Gewerbe insgesamt. Trotz der besonderen Bedeutung des Baugewerbes in den neuen Ländern ist es angesichts der Priorität für Konjunkturkonformität nicht angeraten, etwa die Auftragseingänge im Baugewerbe zu verwenden, da diese keinen aussagekräftigen Beitrag zur Erklärung der Referenzreihe bieten. Ähnliches gilt für die Reihen zum Baugewerbe aus dem Ifo–Konjunkturtest, der seit dem Jahre 1990 auch für die neuen Bundesländer durchgeführt wird.

5.3.2 Zur Aggregation

Die bei den Untersuchungen ermittelte zeitliche Verschiebung der vier ausgewählten Einzelindikatoren weicht nur wenig von der in Westdeutschland ab (Tabelle 5/5). Der Vorlauf gegenüber der Referenzreihe ist allerdings durch die auf die neunziger Jahre beschränkte Betrachtung deutlich geschrumpft. Wenngleich die Ergebnisse der Methode der Maximierung der Summe der Bestimmtheitsmaße dazu führen, daß sich bei den Ifo–Indikatoren ein unerwünschter Nachlauf von einem Monat gegenüber der Referenzreihe zeigt, offenbaren sich zwei Vorteile für den ostdeutschen Gesamtindikator: Zum einen kann die in diesem Sinne „optimale" Verschiebung nahezu übernommen werden, die Ifo–Reihen werden indes ohne Verschiebung eingesetzt. Zum anderen deutet der Wert $K_{max} = 8{,}276$ einen ungleich höheren Gleichlauf der vier Einzelindikatoren nach der Verschiebung an; selbst ohne Verschiebung beträgt der Wert von K bereits 6,326.

Für die Gewichtung der Einzelreihen zu einem Gesamtindikator wird erneut eine Hauptkomponentenanalyse durchgeführt. Im Einklang mit den Ergebnissen bei der Ermittlung der Lead–Lag–Struktur zeigt sich, daß die Konformität der Einzelindikatoren untereinander sehr hoch ist. Bereits ohne Verschiebung beträgt die Varianzerklärung des gemeinsamen Faktors „Konjunktur" immerhin 85 vH (Tabelle 5/6). Durch die im weiteren verwendete Verschiebung wird sogar eine Varianzerklärung von 90 vH erzielt. Hierfür spielt die Kürze und Glätte der Zeitreihen für Ostdeutschland eine entscheidende Rolle.

Tabelle 5/5: Vorlauf der vier Einzelreihen gegenüber der Referenzreihe für Ostdeutschland (in Monaten)

Einzelreihen	ohne Verschiebung	bei „optimaler" Verschiebung
Ifo–Geschäftsklima	0	–1
Ifo–Fertigwarenlager	0	–1
Umlaufsrendite	0	14
Auftragseingänge	0	0
K_{max}	6,326	8,276

Tabelle 5/6: Ergebnisse der Hauptkomponentenanalyse für die neuen Bundesländer

Haupt–komponente I	Einzelreihen	ohne Verschiebung	bei „optimaler" Verschiebung
Faktor-ladungen	Ifo–Geschäftsklima	0,937	0,962
	Ifo–Fertigwarenlager	0,937	0,927
	Umlaufsrendite	0,892	0,975
	Auftragseingänge	0,921	0,930
Erklärter Varianzanteil		85 vH	90 vH

Die grundsätzlich hohe Konformität der vier Einzelindikatoren findet seinen Niederschlag in der durch die Hauptkomponentenanalyse ermittelten Gewichtung (Tabelle 5/7). Diese weicht kaum von der Gleichgewichtung ab.

Tabelle 5/7: Gewichte der Einzelreihen im ostdeutschen Gesamtindikator

Einzelreihen	Gewichte
Ifo–Geschäftsklima	0,2536
Ifo–Fertigwarenlager	0,2443
Umlaufsrendite	0,2570
Auftragseingänge	0,2451

5.3.3 Der Indikatorverlauf

Die beiden Ifo–Reihen sind maßgeblich dafür verantwortlich, daß der Gesamtindikator seit dem April 1998 nach unten zeigt. Bei den Auftragseingängen, die ebenfalls mit dem Wert vom Dezember 1998 in den letzten Indikatorwert eingehen (fettgedruckt), deutete sich erst Ende des Jahres 1998 eine Stagnation nach einer bis dahin noch anhaltenden, wenngleich zuletzt nur noch schwachen Aufwärtsentwicklung an (Tabelle 5/8).

Tabelle 5/8: Einzelreihen und Gesamtindikator für die neuen Bundesländer (Ursprungswerte und transformierte Zeitreihen)

Monat	Ifo–Geschäfts-klima		Ifo–Fertig-warenlager		Umlaufs-rendite		Auftrags-eingänge		**Gesamt-indikator**
Jan 97	-0,3	0,35	7,0	0,87	5,1	0,94	113,0	0,68	0,5565
Feb 97	-0,6	0,32	7,0	0,85	4,9	1,02	114,8	0,75	0,6088
Mär 97	2,9	0,43	7,0	0,87	5,1	0,99	113,0	0,74	0,6848
Apr 97	2,0	0,49	8,0	0,82	5,2	0,97	120,6	0,88	0,7071
Mai 97	3,5	0,57	5,0	0,93	5,1	0,98	120,4	0,97	0,7472
Jun 97	7,5	0,76	6,0	0,95	5,0	1,01	126,2	1,13	0,8340
Jul 97	8,0	0,91	6,0	0,97	4,9	1,05	125,4	1,19	0,8932
Aug 97	4,4	0,84	9,0	0,82	5,1	1,01	123,0	1,17	0,8177
Sep 97	7,0	0,85	6,0	0,87	5,1	0,97	126,3	1,20	0,8272
Okt 97	9,0	0,95	5,0	0,95	5,2	**0,88**	128,8	1,28	0,9058
Nov 97	7,5	0,98	6,0	0,98	5,2	0,83	130,4	1,37	0,9716
Dez 97	12,0	1,15	3,0	1,10	5,1	0,88	130,1	1,40	1,0870
Jan 98	8,0	1,09	7,0	1,00	4,9	0,99	131,8	1,44	1,0836
Feb 98	12,0	1,21	7,0	0,93	4,7	1,14	134,5	1,51	1,1345
Mär 98	15,5	1,40	8,0	0,82	4,7	1,21	139,4	1,66	1,2043
Apr 98	20,0	1,74	6,0	0,88	4,8	1,19	134,1	1,64	1,3185
Mai 98	15,5	1,72	7,0	0,88	4,8	1,17	135,1	1,62	1,3046
Jun 98	14,0	1,60	8,0	0,84	4,7	1,19	132,7	1,55	1,2398
Jul 98	13,5	1,48	9,0	0,75	4,6	1,25	135,6	1,58	1,1985
Aug 98	13,0	1,42	12,0	0,58	4,4	1,36	134,7	1,59	1,1492
Sep 98	11,5	1,34	12,0	0,47	4,1	1,52	140,2	1,70	1,1444
Okt 98	5,9	1,07	11,0	0,47	4,0	1,65	138,3	1,73	1,0695
Nov 98	5,9	0,89	11,0	0,50	4,1	1,67	138,0	1,74	1,0251
Dez 98	7,5	**0,88**	10,0	**0,56**	3,8	1,77	137,9	**1,72**	**1,0079**

Betrachtet man den Gesamtindikator gegenüber der Referenzreihe des *Index der Nettoproduktion* ist eine gedämpfte wirtschaftliche Aktivität im Jahre 1995 zu erkennen, bei einer ansonsten weitgehend aufwärtsgerichteten Industrieproduktion (Schaubild 5/5). Ganz offensichtlich sind konjunkturelle Einflüsse aber nach wie vor deutlich geringer ausgeprägt als in Westdeutschland. Bei einem relativ stetigen Verlauf deuten die Indikatorwerte am aktuellen Rand — nach dem letzten oberen Umkehrpunkt im April 1998 — in Ostdeutschland zumindest eine zumindest kurzfristig abgeschwächte konjunkturelle Entwicklung im Jahre 1999 an.

Schaubild 5/5: Monatlicher Gesamtindikator und Referenzreihe für Ostdeutschland

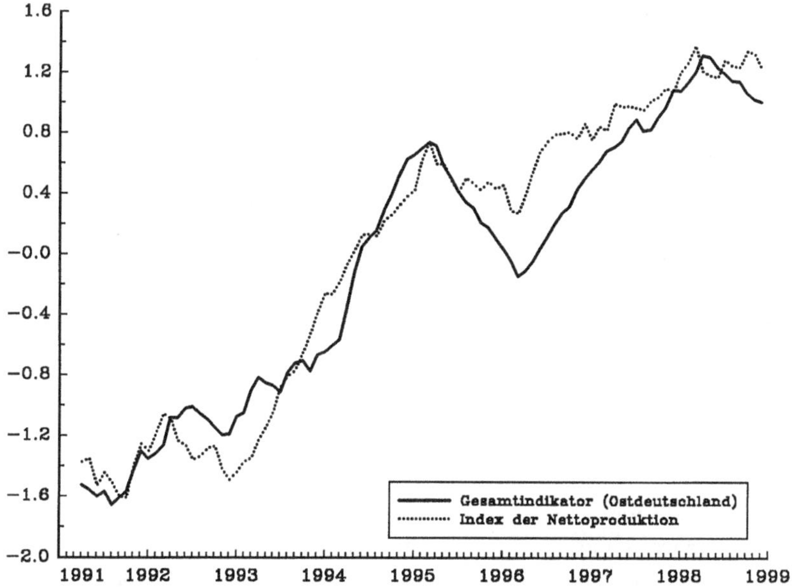

Das entscheidende Problem der Aussagekraft des ostdeutschen Gesamtindikators für das Bruttoinlandsprodukt liegt darin, daß die beiden zugrundeliegenden Referenzreihen in divergente Richtungen weisen (Schaubild 5/6). Während vor allem das Verarbeitende Gewerbe mit teilweise zweistelligen Zuwachsraten kräftig expandierte, sind die gleitenden Jahresraten des realen Bruttoinlandsprodukts von einem konsumgetragenen hohen Niveau kommend in den letzten

Jahren markant zurückgegangen. Nicht einmal die ohnehin nur schwach ausgeprägten (konjunkturellen) Schwankungen stimmen in den Umkehrpunkten mit dem Indikator überein.

Schaubild 5/6: Gesamtindikator und Bruttoinlandsprodukt für Ostdeutschland

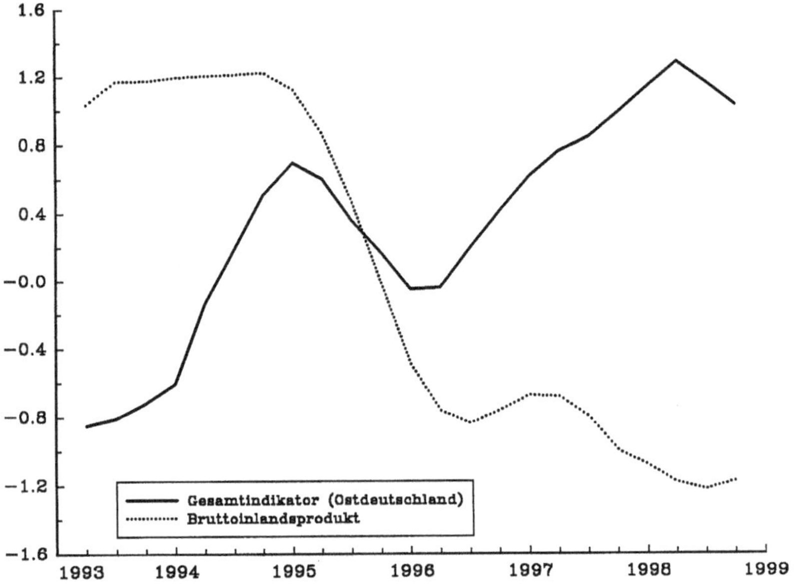

Insgesamt reflektieren die dargestellten Verläufe, daß für die wirtschaftliche Entwicklung in Ostdeutschland das Transformationsproblem nach wie vor dominiert, während die Entwicklung im Produzierenden Gewerbe, vor allem im stark exportorientierten Verarbeitenden Gewerbe, mittlerweile eine große Ähnlichkeit mit der konjunkturellen Entwicklung in Westdeutschland aufweist [SACHVERSTÄNDIGENRAT (1996), Schaubild 11, S. 76]. Daher scheint für die neuen Bundesländer eine Beschränkung der Anwendung des Gesamtindikators auf das Produzierende Gewerbe angezeigt.

5.4 Deutschland

5.4.1 Zur Selektion

Anders als bei den beiden bisher vorgestellten Gesamtindikatoren geht es im folgenden um die Konstruktion eines Indikators, der auf die neue Systematik der Volkswirtschaftlichen Gesamtrechnungen abgestimmt ist. Es ist der erste Versuch nach der Umstellung der amtlichen Statistik auf das ESVG 95, ein Instrument zur Konjunkturanalyse im Rahmen des Indikatorenansatzes für Deutschland zu entwickeln. Es stehen dafür Daten der Jahre 1991 bis 1998 zur Verfügung. Als Referenzreihe dient der *Index der Nettoproduktion im Produzierenden Gewerbe (ohne Bauleistungen)* in Deutschland. Für den gesamtdeutschen Indikator werden die folgenden vier Zeitreihen herangezogen:

- Ifo–Geschäftsklima, Verarbeitendes Gewerbe (ohne Nahrungs– und Genußmittel), Salden der Ursprungswerte,
- Ifo–Fertigwarenlagerbeurteilung, Verarbeitendes Gewerbe (ohne Nahrungs– und Genußmittel), Salden der Ursprungswerte,*)
- Umlaufsrendite festverzinslicher Wertpapiere inländischer Emittenten, insgesamt, in % p.a.,*)
- Auftragseingänge im Vorleistungsgütergewerbe, Volumen, 1995=100, saisonbereinigt, Deutschland.

*) Die Reihe geht mit umgekehrtem Vorzeichen in den Indikator ein.

Während analog zu den beiden anderen Gesamtindikatoren die *Umlaufsrendite* aufgenommen wird und wie für Ostdeutschland die *Auftragseingänge* der Vorleistungsgüterproduzenten Berücksichtigung finden, muß auf eine Besonderheit bei den hier verarbeiteten Zeitreihen aus dem Ifo–Konjunkturtest hingewiesen werden: Bei den Indikatoren *Ifo–Geschäftsklima* und *Ifo–Fertigwarenlagerbeurteilung* handelt es sich um eigens für diese Arbeit vom Autor selbst aggregierte Zeitreihen aus den getrennten Daten für die beiden Gebietsstände, da das Ifo–Institut frühestens im Sommer 1999 gesamtdeutsche Konjunkturtestdaten nach den neuen Abgrenzungen des ESVG 95 veröffentlichen wird. Für den hier konstruierten Gesamtindikator wurden die Ifo–Reihen gewichtet mit den jeweiligen Anteilen der Bruttowertschöpfung des Verarbeitenden Gewerbes im Jahre 1998 für Westdeutschland (91,9 vH) und Ostdeutschland (8,1 vH).

5.4.2 Zur Aggregation

Mittels der Methode der Maximierung der Summe der Bestimmtheitsmaße ergeben sich im Vergleich zum westdeutschen Gesamtindikator kurze „optimale" Vorläufe gegenüber der Referenzreihe (Tabelle 5/9). Gleichwohl wird bei der hier „optimalen" Verschiebung, die implizit die mit ähnlichen Vorläufen versehene „gewählte" Verschiebung für Westdeutschland weitgehend bestätigt, mit $K_{max} = 8{,}287$ eine äußerst markante Verbesserung des Gleichlaufs und damit der Aussagekraft der vier Einzelreihen für Deutschland erzielt.

Tabelle 5/9: Vorlauf der vier Einzelreihen gegenüber der Referenzreihe für Deutschland (in Monaten)

Einzelreihen	ohne Verschiebung	bei „optimaler" Verschiebung
Ifo–Geschäftsklima	0	2
Ifo–Fertigwarenlager	0	2
Umlaufsrendite	0	16
Auftragseingänge	0	3
K_{max}	4,212	8,287

Für die Gewichtung der Einzelreihen zum Gesamtindikator wird abermals eine Hauptkomponentenanalyse durchgeführt. Es zeigt sich für Deutschland, daß durch Verschiebung der ausgewählten Einzelreihen die Varianzerklärung des gemeinsamen Faktors „Konjunktur" von 71 vH auf 84 vH bei der hier verwendeten „optimalen" Verschiebung steigt (Tabelle 5/10). Der erklärte Varianzanteil weist damit ein deutlich höheres Niveau auf als bei dem westdeutschen Indikator, was sich entsprechend günstig auf die Aussagekraft des deutschen Gesamtindikators auswirkt.

Tabelle 5/10: Ergebnisse der Hauptkomponentenanalyse für Deutschland

Haupt- komponente *I*	Einzelreihen	ohne Verschiebung	bei „optimaler" Verschiebung
Faktor- ladungen	Ifo–Geschäftsklima	0,975	0,970
	Ifo–Fertigwarenlager	0,933	0,926
	Umlaufsrendite	0,333	0,800
	Auftragseingänge	0,958	0,960
Erklärter Varianzanteil		71 vH	84 vH

Bei den aus den Faktorladungen abgeleiteten Gewichten, mit denen die Einzelreihen in den Gesamtindikator eingehen, ist allein auffällig, daß die Reihe der *Umlaufsrendite* ein etwas geringeres Gewicht aufweist (Tabelle 5/11).

Tabelle 5/11: Gewichte der Einzelreihen im deutschen Gesamtindikator

Einzelreihen	Gewichte
Ifo–Geschäftsklima	0,2653
Ifo–Fertigwarenlager	0,2533
Umlaufsrendite	0,2188
Auftragseingänge	0,2626

5.4.3 Der Indikatorverlauf

Die vier Einzelreihen gehen jeweils mit den fettgedruckten Werten in den Gesamtindikator vom Dezember 1998 ein (Tabelle 5/12). Da die Ifo–Zeitreihen unverschoben in den Gesamtindikator einfliessen, ist eine Aktualisierung des Indikators jeweils mit der Veröffentlichung der Ifo–Konjunkturtestdaten um den 22. Tag eines Monats für den Vormonat möglich. Damit sind die Gesamtindikatorwerte zeitnäher verfügbar als die für West- und Ostdeutschland.

Tabelle 5/12: Einzelreihen und Gesamtindikator für Deutschland (Ursprungswerte und transformierte Zeitreihen)

Monat	Ifo–Geschäfts-klima		Ifo–Fertig-warenlager		Umlaufs-rendite		Auftrags-eingänge		**Gesamt-indikator**
Jan 97	-0,9	0,13	14,4	-0,12	5,1	0,94	103,7	0,27	0,1277
Feb 97	2,8	0,31	15,1	0,01	4,9	1,02	106,3	0,55	0,2716
Mär 97	2,6	0,42	14,4	0,29	5,1	0,99	104,0	0,53	0,4835
Apr 97	7,0	0,58	11,6	0,55	5,2	0,97	108,7	0,88	0,5727
Mai 97	6,6	0,66	11,6	0,59	5,1	0,98	106,5	0,89	0,6731
Jun 97	8,4	0,75	7,9	0,67	5,0	1,01	110,1	1,21	0,7133
Jul 97	13,5	0,94	6,2	0,77	4,9	1,05	109,2	1,27	0,8732
Aug 97	15,4	1,12	7,8	0,83	5,1	1,01	109,3	1,33	0,9401
Sep 97	16,6	1,25	6,0	0,96	5,1	0,97	110,8	1,44	1,0139
Okt 97	15,9	1,27	5,1	1,10	5,2	**0,88**	111,5	1,59	1,0939
Nov 97	15,8	1,26	5,3	1,24	5,2	0,83	111,9	1,71	1,1907
Dez 97	17,5	1,30	3,2	1,19	5,1	0,88	111,8	1,74	1,2528
Jan 98	19,0	1,38	2,4	1,18	4,9	0,99	112,2	1,78	1,3032
Feb 98	17,5	1,39	1,5	1,23	4,7	1,14	112,2	1,80	1,3444
Mär 98	19,2	1,42	1,6	1,27	4,7	1,21	114,2	1,99	1,3780
Apr 98	17,6	1,39	4,2	1,13	4,8	1,19	109,7	1,71	1,4001
Mai 98	15,9	1,32	5,2	0,96	4,8	1,17	112,1	1,72	1,2630
Jun 98	15,3	1,26	6,2	0,81	4,7	1,19	109,6	1,51	1,2021
Jul 98	12,9	1,15	9,9	0,52	4,6	1,25	110,2	1,49	1,0504
Aug 98	7,9	0,95	9,2	0,39	4,4	1,36	109,8	1,42	0,9617
Sep 98	-0,6	0,56	8,3	0,39	4,1	1,52	109,3	1,37	0,8525
Okt 98	-5,6	0,19	10,1	0,34	4,0	1,65	107,7	1,19	0,7157
Nov 98	-6,5	-0,03	10,1	0,29	4,1	1,67	108,7	**1,17**	0,5909
Dez 98	-6,7	**-0,10**	12,8	**0,09**	3,8	1,77	107,9	1,12	**0,4947**

Zunächst sei dem Gesamtindikator die Referenzreihe des *Index der Nettoproduktion* gegenübergestellt (Schaubild 5/7). Der monatliche Gesamtindikator zeichnet sich — wie für Westdeutschland — durch ein äußerst hohes Maß an Stetigkeit im Verlauf aus, die konjunkturellen Schwankungen werden gut nachgezeichnet und die Umkehrpunkte der wirtschaftlichen Aktivität treten deutlich hervor, werden aber nicht durchgängig mit einem deutlichen Vorlauf angezeigt. Am aktuellen Rand signalisiert der Indikator eine gedämpfte Entwicklung im Jahre 1999. Seit dem letzten Hochpunkt im April 1998 weisen die Werte stetig nach unten.

Schaubild 5/7: Monatlicher Gesamtindikator und Referenzreihe für Deutschland

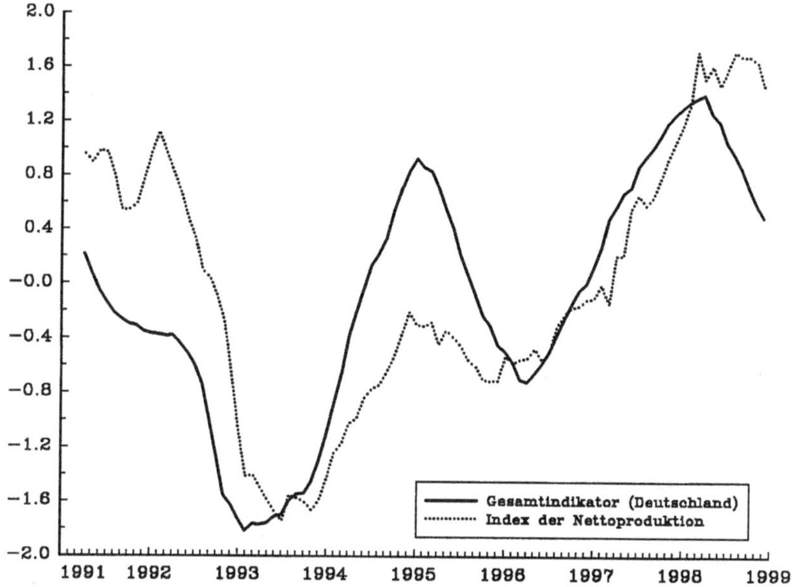

In einem letzten Schritt sei der Gesamtindikator für Deutschland dem entsprechenden Bruttoinlandsprodukt gegenübergestellt (Schaubild 5/8). Es sind dies die Daten nach der neuen Systematik des ESVG 95, wobei durch die Transformationen des Bruttoinlandsprodukts zur gleitenden Jahresdurchschnittsrate und deren Glättung nur eine entsprechende Zeitreihe ab dem 2. Quartal 1993 abgetragen werden kann.

Der quartalisierte Indikator zeichnet sich durch einen eindeutigen und vor allem stabilen Vorlauf vor dem Bruttoinlandsprodukt aus. Die Vorhersagekraft gilt sowohl für die Rezession im Jahre 1993 als auch für die konjunkturelle Abschwächung im Verlauf des Jahres 1995. Wendet man erneut die Methode der Maximierung der Summe der Bestimmtheitsmaße an, so erhält man einen Lead von nur noch einem Quartal, wobei das Bestimmtheitsmaß mit $R^2 = 0,92$ einen sehr hohen Wert aufweist.

Schaubild 5/8: Gesamtindikator und Bruttoinlandsprodukt für Deutschland

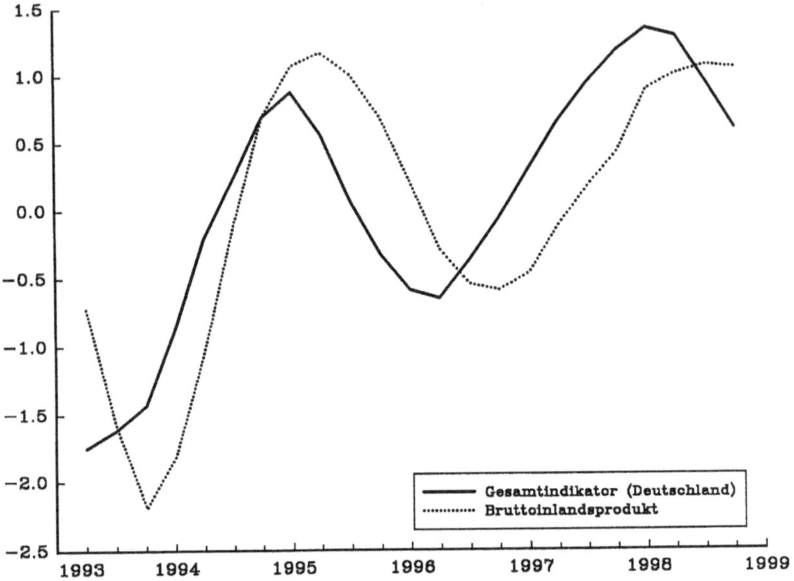

5.5 Kritische Würdigung

In die hier dokumentierte Konstruktion der drei neuen Gesamtindikatoren sind die Erfahrungen aus der Konjunkturbeobachtung der letzten Jahre eingegangen, insbesondere im Hinblick auf spezielle und sich verändernde Einflußgrößen auf die Einzelindikatoren mit entsprechenden Konsequenzen für die Lösung des Selektionsproblems. Überdies trägt das in diesem Kapitel gewählte Vorgehen der Analyse der bekannten Konstruktionsmethoden und der Kritik an den derzeit publizierten Gesamtindikatoren Rechnung. Insgesamt bestätigen die Untersuchungen die grundsätzliche Aussagekraft konjunktureller Gesamtindikatoren. Bemerkenswert sind darüber hinaus die folgenden drei Ergebnisse:

- Die Länge des zeitlichen Vorlaufs der Einzelindikatoren vor der Referenzreihe hat sich in den neunziger Jahren gegenüber den achtziger Jahren verkürzt. Während dieses Ergebnis beim westdeutschen Gesamtindikator dazu führt, daß nicht die „optimale“ Lead–Lag–Struktur verwendet wird, kann die Lead–Lag–Struktur des gesamtdeutschen Indikators als impliziter Test dieser These betrachtet werden. Dort werden zwangsläufig nur die Zeitreihen über die neunziger Jahre hinweg untersucht, und die einzelnen Reihen weisen vergleichsweise geringe Vorläufe auf. Immerhin bleibt noch ein hinreichender Vorlauf von einem Quartal gegenüber dem Bruttoinlandsprodukt erhalten, zusätzlich zum informatorischen Vorlauf durch die spätere Verfügbarkeit der Zahlen der Volkswirtschaftlichen Gesamtrechungen.

- Die Konstruktion der Gesamtindikatoren ist jeweils auf die entsprechende monatliche Referenzreihe ausgerichtet, so daß die Indikatoren deren konjunkturelle Schwankungen (mit Vorlauf) abbilden und es demzufolge Erklärungsprobleme gibt, wenn das Bruttoinlandsprodukt spürbar durch andere Einflußgrößen bestimmt wird. Besonders deutlich ist dieses Problem bei dem ostdeutschen Gesamtindikator zu beobachten, wo die Transformationsprozesse zu einer divergenten Entwicklung des Produzierenden Gewerbes und der übrigen wirtschaftlichen Aktivität geführt haben. Vor diesem Hintergrund kann bei dem hier gewählten Vorgehen über die Referenzreihe des Produzierenden Gewerbes eine ausreichende Aussagefähigkeit nur für eben diesen Sektor in den neuen Ländern erreicht werden.

- Bei der Lösung des Aggregationsproblems erweist sich die Bestimmung der Lead–Lag–Struktur als der entscheidende Schritt zur Erhöhung der Zuverlässigkeit des Gesamtindikators; die Berechnung der Gewichte der Einzelreihen führt nur noch zu einer zusätzlichen Verbesserung der Verlaufsglätte. Dieses Ergebnis wird dadurch belegt, daß sich der erklärte Varianzanteil durch die „optimale“ Verschiebung deutlich und auf ein hohes Niveau verbessert hat und die berechneten Gewichte nur wenig von einer Gleichgewichtung abweichen. Immerhin bietet die Hauptkomponentenanalyse, die in keinem der derzeit gängigen Gesamtindikatoren eingesetzt wird, einen ökonomisch gut interpretierbaren Ansatz zur Bestimmung des Gewichtsschemas.

6 Schlußbetrachtung

Konjunkturelle Gesamtindikatoren verdichten ausgewählte ökonomische Einzelreihen im Hinblick auf eine möglichst hohe Aussagekraft für die wirtschaftliche Aktivität. In dieser Arbeit wurde der Indikatorenansatz zunächst konzeptionell entfaltet, bekannte Gesamtindikatoren wurden analysiert und die gewonnenen Erkenntnisse zur Konstruktion neuer Indikatoren umgesetzt. In der Schlußbetrachtung sollen die bisher explizit wie implizit angeführten wesentlichen Charakteristika konjunktureller Gesamtindikatoren derart aufbereitet werden, daß die grundsätzlichen Möglichkeiten, aber auch die Grenzen des Indikatorenansatzes klar abgesteckt sind.

Dem Indikatorenansatz immanent ist die Annahme, daß sich die strukturellen Beziehungen innerhalb der Volkswirtschaft über einen langen Zeitraum nicht verändern, so daß eine bestehende Vorlaufeigenschaft des Gesamtindikators auch für die Zukunft erwartet werden darf. Diese Annahme der Strukturkonstanz mag angreifbar sein, denn gerade nach Rezessionen ist bei veränderten Rahmenbedingungen ein intensiver Strukturwandel und Innovationsprozeß in den Unternehmen als Reaktion zu beobachten. Dies wiederum scheint den Indikatorenansatz für Aussagen am aktuellen Rand insbesondere an den wichtigen konjunkturellen Umkehrpunkten grundsätzlich in Frage zu stellen. Aber: Die Annahme konstanter Strukturen wird auch bei den anderen Prognosemethoden implizit gesetzt. Dies kann auch nicht anders sein, da sich letztlich sämtliche Vorhersagen aus den bisherigen Beziehungen und Verhaltensweisen in der Volkswirtschaft ableiten. Gleichwohl muß auf offensichtliche Strukturbrüche und auf Strukturwandel reagiert werden, so daß eine mehr oder weniger regelmäßige „Modellpflege“ auch im Rahmen des Indikatorenansatzes unerläßlich ist.

Die Einzelindikatoren sind die informatorische Basis für diesen Ansatz, ihre Auswahl ist somit von großer, nicht zu unterschätzender Bedeutung. Als Orientierungsgröße dient dabei vielfach eine der monatlich verfügbaren Referenzreihen der Industrieproduktion. Überdies beschreiben auch die zur Auswahl stehenden Einzelreihen meist speziell das wirtschaftliche Geschehen im Produzierenden Gewerbe. Daraus mag der Vorwurf erhoben werden, daß das Vorgehen in nicht mehr angemessenem Maße industrielastig sei, da der Industriesektor in den modernen Dienstleistungsgesellschaften nurmehr ein Drittel der gesamtwirtschaftlichen Leistungserstellung umfaßt. Diese Kritik am Indikatorenansatz kann in zweierlei Hinsicht entkräftet werden: Inhaltlich ist die Fokussierung auf die wirtschaftliche Aktivität in der Industrie dadurch begründet, daß sie in besonderem Maße konjunkturellen Schwankungen ausgesetzt ist, die wiederum spürbar auf die anderen Sektoren wirken. Ein weiteres Argument besteht darin, daß es an alternativen Einzelindikatoren aus anderen Bereichen mit hinreichend langen Zeitreihen vielfach mangelt. Insofern ist das vermeintlich einseitige Vorgehen im Rahmen der Möglichkeiten zur Lösung des Selektionsproblems nur konsequent. Die beschriebenen Schwierigkeiten bei der Konstruktion eines Gesamtindikators für die neuen Bundesländer offenbart gleichwohl Grenzen diese Vorgehens, wenn sich die Industrie und die übrigen Wirtschaftszweige divergent entwickeln.

Die Festlegung der Anzahl der Einzelindikatoren kann von unterschiedlichen Überlegungen geleitet sein. Ein Ansatz besteht darin, das Wirtschaftsgeschehen möglichst breit abzudecken. Dazu werden vielfältige Einzelreihen herangezogen, die sehr unterschiedliche Wirtschaftsprozesse abbilden. Beispiele hierfür sind Zeitreihen der Anzahl von Baugenehmigungen oder die Einzelhandelsumsätze. Allerdings haben die im Rahmen dieser Arbeit vorgenommenen Untersuchungen gezeigt, daß nur wenige Zeitreihen in hinreichendem Umfang als Konjunkturindikatoren geeignet sind. Dies drückt sich bei den publizierten Gesamtindikatoren in der Regel darin aus, daß viele der breiter gestreuten Einzelreihen mit nur einem verschwindend geringen Gewicht eingehen, darin unter Umständen enthaltene konjunkturelle Signale sich also auch kaum auswirken. Vor diesem Hintergrund wurde im fünften Kapitel mehr Wert auf die Zuverlässigkeit der Einzelindikatoren gelegt als auf eine breite Abdeckung sämtlicher Wirtschaftsprozesse.

Auf der Basis der ausgewählten Zeitreihen bedarf es geeigneter Verdichtungsverfahren, um einen aussagekräftigen Gesamtindikator zu konstruieren. Im einzelnen sind zwei Aspekte zu klären: die Bestimmung der jeweils zusammenzufassenden Monatswerte der Einzelreihen sowie deren Gewichtung. In der Tat wird die Lead–Lag–Struktur in den bisher bekannten Gesamtindikatoren praktisch nicht berücksichtigt. Die Ergebnisse im fünften Kapitel haben aber die große Bedeutung der hier eingesetzten Methode der Maximierung der Summe der Bestimmtheitsmaße belegt. Durch die so ermittelte Verschiebung der Einzelindikatoren konnte für die neunziger Jahre eine eindeutige Bestimmung der konjunkturellen Umkehrpunkte durch die Gesamtindikatoren erzielt werden. Bei dem zweiten Aspekt, der Gewichtung der Einzelreihen, besteht offensichtlich Einvernehmen darüber, daß von einer Gleichgewichtung abzurücken ist. Indes ist die in dieser Arbeit verwendete Hauptkomponentenanalyse ein alternativer Ansatz, der bei den derzeit publizierten Gesamtindikatoren bisher nicht vorkommt. Unter der plausiblen Annahme, daß die Konjunktur die maßgebliche Einflußgröße auf die betrachteten ökonomischen Zeitreihen ist, kann dadurch eine Gewichtung mit maximaler Varianzausschöpfung ermittelt werden.

Fügt man alles zusammen, dann kann dem Indikatorenansatz attestiert werden, daß er ein Instrument zur Konjunkturanalyse sein kann. Ein grundsätzlicher Vorteil besteht darin, daß flexibel für sehr unterschiedliche Fragestellungen ein Ansatz zur Verfügung steht, zum Teil widersprüchliche Informationen zu bündeln und dabei relativ geringe Anforderungen an das zugrundeliegende Datenmaterial zu stellen. Deutlich wurde in dieser Arbeit aber auch, daß vor allem bei der Aggregation Verbesserungen gegenüber den bekannten Gesamtindikatoren möglich sind. Abschließend sei mit Nachdruck daran erinnert, daß an die konjunkturellen Gesamtindikatoren nicht zu hohe Erwartungen geknüpft werden sollten. Sie können eine umfassende Konjunkturdiagnose und Konjunkturprognose nicht ersetzen; mitnichten sollten aus ihnen direkt quantitative Vorhersagen der wirtschaftlichen Aktivität abgeleitet werden. Ihr besonderer Wert kann vielmehr darin liegen, eindeutige Hinweise auf konjunkturelle Umkehrpunkte zu geben. So verstanden können Gesamtindikatoren einen aussagekräftigen Beitrag zur Konjunkturbeobachtung liefern.

Anhang

A1 Abkürzungsverzeichnis

AG	Aktiengesellschaft
BV	Berliner Verfahren
CES	Constant Elasticity of Substitution
DBR	Deutsche Bank Research
DG Bank	Deutsche Genossenschaftsbank AG
DIW	Deutsches Institut für Wirtschaftsforschung, Berlin
DM	Deutsche Mark
EDV	Elektronische Datenverarbeitung
Euribor	Euro inter bank offered rate
ESVG	Europäisches System Volkswirtschaftlicher Gesamtrechnungen
F.A.Z.	Frankfurter Allgemeine Zeitung
Fibor	Frankfurt inter bank offered rate
G–Mind	German Market Indicator
GfK	Gesellschaft für Konsum–, Markt– und Absatzforschung, Nürnberg
GlaDD	Gleitende–arithmetische–Durchschnitts–Differenzen
Ifo	Information und Forschung
MCD	Months of Cyclical Dominance
MCI	Monetary Conditions Index
MNV	Mittelung normierter Variabler
NBER	National Bureau of Economic Research
RWI	Rheinisch–Westfälisches Institut für Wirtschaftsforschung, Essen
SVR	Sachverständigenrat zur Begutachtung der gesamtwirtschaflichen Entwicklung
SYPRO	Systematik der Wirtschaftszweige (Ausgabe 1975), Fassung für die Statistik im Produzierenden Gewerbe
WSI	Wirtschafts– und Sozialwissenschaftliches Institut des Deutschen Gewerkschaftsbunds
WZ 93	Klassifikation der Wirtschaftszweige, Ausgabe 1993
ZEW	Zentrum für Europäische Wirtschaftsforschung, Mannheim

A2 Schaubildverzeichnis

1/1: Der Konjunkturzyklus nach HABERLER 5

1/2: Methoden der Konjunkturprognose 12

1/3: Ausgewählte Beiträge der Konjunkturindikatorforschung 19

2/1: Unterscheidung der Indikatoren nach dem zeitlichen Verlauf 28

2/2: Unterscheidung der Indikatoren nach dem Skalenniveau 30

2/3: Grundlagen subjektiver und objektiver Indikatoren 31

2/4: Unterscheidung der Indikatoren nach der Komplexität des Indikandums 32

2/5: Die Kriterien des Selektionsverfahrens des NBER 36

3/1: Der Diffusionsindex 55

3/2: Der 'Average Duration of Run'-Index 57

3/3: Der 'Duration Rate'-Index 59

3/4: Der SVR-Gesamtindikator 63

3/5: Der MNV-Indikator 68

3/6: Der GlaDD-Gesamtindikator 70

3/7: Der Gesamtindikator nach STURM 77

3/8: Der MNV-Indikator im Vergleich zur Referenzreihe 80

3/9: Die Spektren des SVR-Gesamtindikators, des MNV-Indikators und des GlaDD-Gesamtindikators 81

3/10: Der Gesamtindikator nach STURM im Vergleich zur Referenzreihe . 84

4/1: Der F.A.Z.-Konjunkturindikator 90

4/2: Der Handelsblatt-Frühindikator 95

4/3: Das Konjunkturbarometer-Ost 99

4/4: Das Wirtschaftswoche-Konjunkturbarometer 103

4/5: Der DG Bank-Euro-Indikator 107

4/6: Der ZEW Service Sentiment Indicator 111

5/1: Komponenten ökonomischer Zeitreihen 117

5/2: Graphische Darstellung einer 14×2–Datenmatrix im Rahmen der Hauptkomponentenanalyse 121
5/3: Monatlicher Gesamtindikator und Referenzreihe für Westdeutschland 127
5/4: Gesamtindikator und Bruttoinlandsprodukt für Westdeutschland . 128
5/5: Monatlicher Gesamtindikator und Referenzreihe für Ostdeutschland 133
5/6: Gesamtindikator und Bruttoinlandsprodukt für Ostdeutschland . . 134
5/7: Monatlicher Gesamtindikator und Referenzreihe für Deutschland . . 139
5/8: Gesamtindikator und Bruttoinlandsprodukt für Deutschland 140

A3 Tabellenverzeichnis

2/1: Bewertung der Amplitudenstärke eines Einzelindikators 41

2/2: Bewertung der Verlaufsglätte eines Einzelindikators mit dem MCD–Maß (hier für Monatsdaten) 44

2/3: Charakteristika ausgewählter Konjunkturindikatoren 46

3/1: Die Zusammensetzung des SVR–Gesamtindikators 62

3/2: Korrelationskoeffizienten der zwölf Reihen des Gesamtindikators (keine Verschiebung) 73

3/3: Korrelationskoeffizienten der zwölf Reihen des Gesamtindikators (Verschiebung gemäß der „optimalen" Lead–Lag–Struktur) 73

3/4: „Optimale" Lead–Lag–Struktur (–: Lead, +: Lag) 74

3/5: Ergebnisse der hauptkomponentenanalytischen Untersuchungen . . 76

3/6: Vergleich der Gesamtindikatoren anhand des Kohärenzmaßes κ . . 79

3/7: Vergleich der Gesamtindikatoren anhand einer Kreuzspektralanalyse 82

4/1: Gewichte g_i der Einzelindikatoren des F.A.Z.–Konjunkturindikators 88

4/2: Zeitliche Verschiebung (in Monaten) und Gewichtung der Einzelindikatoren des Handelsblatt–Frühindikators 93

4/3: Zeitliche Verschiebung (in Monaten) und Gewichtung der Einzelindikatoren des Konjunkturbarometers–Ost 98

4/4: Gewichte der Einzelindikatoren des DG Bank–Euro–Indikators . . . 105

5/1: Vorlauf der vier Einzelreihen gegenüber der Referenzreihe für Westdeutschland (in Monaten) 124

5/2: Ergebnisse der Hauptkomponentenanalyse für das frühere Bundesgebiet 125

5/3: Gewichte der Einzelreihen im westdeutschen Gesamtindikator . . . 125

5/4: Einzelreihen und Gesamtindikator für das frühere Bundesgebiet . . 126

5/5: Vorlauf der vier Einzelreihen gegenüber der Referenzreihe für Ostdeutschland (in Monaten) 131

5/6: Ergebnisse der Hauptkomponentenanalyse für die neuen Bundesländer 131

5/7: Gewichte der Einzelreihen im ostdeutschen Gesamtindikator 131
5/8: Einzelreihen und Gesamtindikator für die neuen Bundesländer . . . 132
5/9: Vorlauf der vier Einzelreihen gegenüber der Referenzreihe für Deutschland (in Monaten) 136
5/10: Ergebnisse der Hauptkomponentenanalyse für Deutschland 137
5/11: Gewichte der Einzelreihen im deutschen Gesamtindikator 137
5/12: Einzelreihen und Gesamtindikator für Deutschland 138

A4 Literaturverzeichnis

A

ANDERS, U. (1995): „G–Mind — German Market Indicator. Konstruktion eines Stimmungsbarometers für den deutschen Finanzmarkt“, ZEW Dokumentation Nr. 95–04, 1995.

ASSENMACHER, W. (1998a): „Konjunkturtheorie“, 8., vollständig überarbeitete Auflage, München–Wien, 1998.

ASSENMACHER, W. (1998b): „Trend und Zyklus im Bruttoinlandsprodukt der Bundesrepublik Deutschland. Zur ökonometrischen Ermittlung der empirischen Basis der Konjunktur- und Wachstumstheorie“, *Jahrbücher für Nationalökonomie und Statistik*, 217, 1998, S. 628–649.

B

BALD–HERBEL, CH./HERBEL, N. (1995): „Die Umstellung der Indizes im Produzierenden Gewerbe auf Basis 1991“, *Wirtschaft und Statistik*, Heft 3, 1995, S. 181–191.

BARTH, H.J. (1990): „Die Praxis der Konjunkturprognose des Sachverständigenrates“, *Ifo Studien*, 36, 1990, S. 109–118.

BENINI, R. (1892): „Il totalizzatore applicato agli indici del movimento economico“, *Giornale degli Economisti*, 1892, S. 131–153.

BOX, G.E.P./JENKINS, G.M. (1970): „Time series analysis“, San Francisco, 1970.

BURNS, A.F./MITCHELL, W.C. (1946): „Measuring Business Cycles“, National Bureau of Economic Research, New York, 1946.

C

CARLSON, J.A./PARKIN, M. (1975): „Inflation Expectations“, *Economica*, 42, 1975, S. 123–138.

CASPERS, W.F. (1993): „Das Konsumklima — ein Indikatorensystem für den Privaten Verbrauch“, Erlangen-Nürnberg (Diss.), 1993.

CORNELIUS, P. (1989): „Wie treffsicher sind Konjunkturprognosen?“, *Wirtschaftsdienst*, 69, Januar 1989, S. 42–48.

CRUM, W.L. (1923): „Cycles of Rates on Commercial Paper“, *The Review of Economic Statistics*, 5, 1923, S. 17–27.

D

DANNER, P./WAGNER, F. (1977): „Zur Berechnung eines Gesamtindikators der konjunkturellen Entwicklung für Bayern“, *Zeitschrift des Bayerischen Statistischen Landesamtes*, 109, 1977, S. 64–75.

DE FOVILLE, A. (1888): „Essai de météorologie économique et sociale“, *Journal de la Société de Statistique de Paris*, 1888, S. 243–249.

DEUTSCHE BUNDESBANK (1995): „Das Produktionspotential in Deutschland und seine Bestimmungsfaktoren“, Monatsbericht, August 1995, S. 41–56.

DEUTSCHE BUNDESBANK (1996): „Makro–ökonometrisches Mehr–Länder–Modell“, Frankfurt, November 1996.

DEUTSCHES INDUSTRIEINSTITUT (1971): „Bei 2 wird's gefährlich — Der Gesamtindikator der fünf Weisen“, *Unternehmerbrief des Deutschen Industrieinstituts*, Nr. 5, 1971, S. 3–5.

DG BANK (1998): „Der DG Bank–Euro–Indikator: Ein neuer Frühindikator für die europäische Konjunktur“, *Konjunktur und Kapitalmarkt*, September/Oktober 1998, S. 15–21.

DG BANK (1999): „DG Bank Euro–Indikator: Bisherige Entwicklung und anstehende Veränderungen“, *Konjunktur und Kapitalmarkt*, Januar 1999, S. 4–6.

DÖPKE, J./KRÄMER, J.W./LANGFELDT, E. (1994): „Konjunkturelle Frühindikatoren in Deutschland“, *Konjunkturpolitik*, 40, Heft 2, 1994, S. 135–153.

DÖPKE, J./LANGFELDT, E. (1995): „Zur Qualität von Konjunkturprognosen für Westdeutschland 1976–1994“, *Kieler Diskussionsbeiträge*, Nr. 247, März 1995.

DÖPKE, J./LANGFELDT, E. (1997): „Die Vorratsveränderungen im Rahmen von Konjunkturprognosen", *Konjunkturpolitik*, 43, Heft 4, 1997, S. 344–370.

E

EUROSTAT (1996): „Europäisches System Volkswirtschaftlicher Gesamtrechnungen. ESVG 1995", Luxembourg, 1996.

F

FAHRMEIR, L./HAMERLE, A./TUTZ, G. (1996): „Multivariate statistische Verfahren", 2., überarbeitete Auflage, Berlin–New York, 1996.

FELDSIEPER, M. (1978): „Indikatoren. I: konjunkturelle", in: ALBERS, W. ET AL. (Hrsg.): „Handwörterbuch der Wirtschaftswissenschaften (HdWW)", Vierter Band, Stuttgart et al., 1978, S. 109–119.

FUNKE, N. (1997): „Predicting Recessions: Some Evidence for Germany", *Weltwirtschaftliches Archiv*, 133, 1997, S. 90–102.

G

GEBAUER, J. (1972): „Gesamtindikator zur Konjunkturdiagnose 1960 bis 1972", *Statistische Monatshefte Rheinland Pfalz*, 25, Heft 8, August 1972, S. 177-185.

GEIL, P./ZIMMERMANN, F.K. (1996): „Quantifizierung qualitativer Daten", in: OPPENLÄNDER, K.H. (Hrsg.): „Konjunkturindikatoren. Fakten, Analysen, Verwendung", München–Wien, 1996, S. 108–130.

GERSS, W. (1983): „Versuche mit regionalen Gesamtindikatoren der konjunkturellen Entwicklung", *Statistische Rundschau für das Land Nordrhein-Westfalen*, 35, November 1983, S. 703–709.

GERSS, W. (1984): „Harmonische Analyse des konjunkturellen Gesamtindikators für Nordrhein-Westfalen", *Statistische Rundschau für das Land Nordrhein-Westfalen*, 36, Februar 1984, S. 63–71.

GERSS, W. (1987): „Aktualisierung und Vorausberechnung des LDS–Gesamtindikators der konjunkturellen Entwicklung“, *Statistische Rundschau Nordrhein–Westfalen*, 39, März 1987, S. 147–156.

GERSS, W. (1989): „Sensibilität und Prognoserealisation des LDS–Konjunkturindikators“, *Statistische Rundschau Nordrhein–Westfalen*, 41, Februar 1989, S. 63–69.

GERSS, W. (1992): „Die Stabilität der Zeitreihe des LDS–Konjunkturindikators zwischen verschiedenen Berechnungsständen“, *Statistische Rundschau Nordrhein–Westfalen*, 44, Juni 1992, S. 289–298.

GERSS, W. (1995): „Dreißig Jahre monatlicher Konjunkturindikator für Nordrhein–Westfalen“, *Statistische Rundschau Nordrhein–Westfalen*, 47, Mai 1995, S. 237–244.

GFK (1996): „GfK-Wirtschaftsdienst. Konsum- und Sparklima. Methodenbeschreibung“, Nürnberg, 1996.

GLAAB, P. (1994): „Produktion und Auftragseingang als Konjunkturindikatoren — Probleme einer sachgerechten Messung und Deutung —“, in: GROHMANN, H. (Hrsg.): „Indikatoren der Wirtschaftsentwicklung. Zum verantwortungsvollen Umgang mit der Statistik“, Sonderhefte zum Allgemeinen Statistischen Archiv, Heft 28, Göttingen, 1994, S. 35–53.

GOLDRIAN, G./STRIGEL, W.H. (1989): „Nationale Gesamtindikatoren auf der Basis von Konjunkturumfragen, in: OPPENLÄNDER, K.H./POSER, G. (Hrsg.): „Handbuch der Ifo–Umfragen“, 1989, S. 358–372.

GRÄF, B./SCHONEBECK, TH. (1996): „Der DBR MCI — Konstruktion und jüngste Entwicklungen“, *Aktuelle Themen*, Nr. 22, 29. Juli 1996.

GREEN, G.R./BECKMAN, B.A. (1993): „Business Cycle Indicators: Upcoming Revision of the Composite Indexes“, *Survey of Current Business*, 73, October 1993, S. 44–51.

GÜNTZEL, J. (1994): „Indikatoren des wirtschaftlichen „Klimas“. Eine Untersuchung aus der Perspektive der Adäquationsproblematik“, Tübinger Volkswirtschaftliche Schriften, Band 9, 1994.

H

HABERLER, G. (1955): „Prosperität und Depression. Eine theoretische Untersuchung der Konjunkturbewegungen“, 2., erweiterte Auflage mit einem Anhang, Tübingen–Zürich, 1955.

HARTUNG, J./ELPELT, B. (1995): „Multivariate Statistik“, 5., durchgesehene Auflage, München–Wien, 1995.

HARVEY, A.C. (1995): „Zeitreihenmodelle“, 2. Auflage, München–Wien, 1995.

HASSLER, U./NAUTZ, D. (1998): „The Link between German Short– and Long–Term Interest Rates. Some Evidence against a Term Structure Oriented Monetary Policy“, *Jahrbücher für Nationalökonomie und Statistik*, 217, 1998, S. 214–226.

HAX, H. (1998): „Anforderungen an die Statistik zur Konjunkturbeobachtung und Konjunkturprognose durch den Sachverständigenrat“, *Allgemeines Statistisches Archiv*, 82, 1998, S. 15–24.

HEILEMANN, U./WOLTERS, J. (1997): „Gesamtwirtschaftliche ökonometrische Modelle in der Bundesrepublik Deutschland: Erfahrungen und Perspektiven“, *RWI-Mitteilungen*, 47, 1997, S. 31–46.

HEISE, M. (1991): „Verfahren und Probleme der Konjunkturvorhersage — dargestellt am Beispiel der Sachverständigenratsprognosen“, in: NAKHAEIZADEH, G./VOLLMER, K.–H. (Hrsg.): „Anwendungsaspekte von Prognoseverfahren“, Beiträge zum 2. Karlsruher Ökonometrie–Workshop, Heidelberg, 1991, S. 18–37.

HEISE, M./HOLSTEIN, M./JÄCKEL, H. (1998): „Ein Frühindikator für die europäische Konjunktur“, *Frankfurter Allgemeine Zeitung*, 5. Oktober 1998, S. 21.

HERTZBERG, M.P./BECKMAN, B.A. (1989): „Business Cycle Indicators: Revised Composite Indexes“, *Survey of Current Business*, 69, January 1989, S. 23–28.

HEUBES, J. (1980): „Juglar–, Kondratieff– und Kitchin–Zyklen“, *Wirtschaftswissenschaftliches Studium*, 9, 1980, S. 383–385.

HÖPFNER, B. (1998): „Ein empirischer Vergleich neuerer Verfahren zur Saisonbereinigung und Komponentenzerlegung“, *Wirtschaft und Statistik*, Heft 12, 1998, S. 949–959.

HÜTHER, M. (1996): „Die “sieben Weisen” und der Auftrag des Sachverständigenrates zur Begutachtung der gesamtwirtschaftlichen Entwicklung“, *Zeitschrift für Wirtschaftspolitik*, 45, 1996, S. 171–179.

HUJER, R./CREMER, R. (1978): „Methoden der empirischen Wirtschaftsforschung“, München, 1978.

J

JUGLAR, C. (1862): „Des crises commerciales et de leur retour périodique, en France, en Angleterre et aux États Unis“, Paris, 1862.

K

KÄHMER, H./SOHN, G. (1974): „Faktorenanalytische Untersuchung zum Konjunkturverlauf in Nordrhein–Westfalen“, *Statistische Rundschau für das Land Nordrhein–Westfalen*, 26, März 1974, S. 91–100.

KAH, G. (1975): „Ein Gesamt–Konjunkturindikator für Baden–Württemberg“, *Baden–Württemberg in Wort und Zahl*, 23, Heft 10, 1975, S. 298–305.

KAISER, U. (1999): „SSI — Eine aktualisierte Version“, *ZEW news*, März 1999, S. 4.

KAISER, U./BUSCHER, H.S. (1998): „Der Service Sentiment Indicator — Ein Konjunkturklimaindikator für den Wirtschaftszweig unternehmensnahe Dienstleistungen“, ZEW Dokumentation Nr. 98–04, 1998.

KAISER, U./BUSCHER, H.S. (1999): „The Service Sentiment Indicator — Climate Indicator for the German Business–Related Service Sector“, Center of Finance and Econometrics at the University of Konstanz discussion paper 99/06.

KITCHIN, J. (1923): „Cycles and Trends in Economic Factors“, *The Review of Economic Statistics*, 5, 1923, S. 10–16.

KLEIN, PH.A. (1996): „Die Konjunkturindikatoren des NBER — Measurement without Theory?“, in: OPPENLÄNDER, K.H. (Hrsg.): „Konjunkturindikatoren. Fakten, Analysen, Verwendung“, München–Wien, 1996, S. 32–41.

KONDRATIEFF, N.D. (1926): „Die langen Wellen der Konjunktur“, *Archiv für Sozialwissenschaften und Sozialpolitik*, 1996, S. 573–609.

KOOPMANS, T.C. (1947): „Measurement without Theory“, *The Review of Economics and Statistics*, 29, August 1947, S. 161–172.

KOSFELD, R. (1997): „Konsumklima und Verbrauchskonjunktur“, *Jahrbuch der Absatz- und Verbrauchsforschung*, 43, 1997, S. 298–317.

KRÄMER, J.W./LANGFELDT, E. (1993): „Die Zinsdifferenz als Frühindikator für die westdeutsche Konjunktur“, *Die Weltwirtschaft*, Heft 1, 1993, S. 34–42.

KREMER, M. (1999): „Die Kapitalmarktzinsen in Deutschland und den USA: Wie eng ist der Zinsverbund? Eine Anwendung der multivariaten Kointegrationsanalyse“, Diskussionspapier 2/99, Volkswirtschaftliche Forschungsgruppe der Deutschen Bundesbank, Frankfurt, 1999.

KRUPP, R./MEYER, B. (1972): „Ein Konjunkturindikator und ein univariables Prognosemodell für die Textilindustrie“, *Zeitschrift für allgemeine und textile Marktwirtschaft*, Heft 3, 1972, S. 224–267.

L

LANGELÜTKE, H./MARQUARDT, W. (1951): „Das Konjunkturtest–Verfahren: Aufgabe, Methode und Erkenntniswert“, *Allgemeines Statistisches Archiv*, 35, 1951, S. 189–208.

LANGFELDT, E. (1989): „Der F.A.Z.-Konjunkturindikator — ein Hilfsmittel zur Prognose“, *Frankfurter Allgemeine Zeitung*, 11. Dezember 1989, S. 19.

LANGFELD, E. (1993): „F.A.Z.-Konjunkturindikator deutet auf vorsichtige Belebung“, *Frankfurter Allgemeine Zeitung*, 9. September 1993, S. 17.

LANGFELD, E./TRAPP, P. (1986): „Zur Problematik und Treffsicherheit von Konjunkturprognosen für die Bundesrepublik Deutschland", *Die Weltwirtschaft*, Heft 1, 1986, S. 26–37.

LEIBFRITZ, W./NIERHAUS, W. (1993): „Westdeutsche Wirtschaft: Wie tief ist die Rezession?", *Ifo Schnelldienst*, Nr. 7, 1993, S. 10–15.

LEINER, J. (1959): „Die Bedeutung der Diffusionsindizes für die Konjunkturdiagnose und Konjunkturprognose", Hamburg (Diss.), 1959.

LINDHORST, H. (1972) „Versuch einer Neuberechnung des Gesamtindikators zur Konjunkturdiagnose", *Zeitschrift für allgemeine und textile Marktwirtschaft*, 1972, S. 149–189.

LINDLBAUER, J.D. (1989): „Konjunkturtest", in: OPPENLÄNDER, K.H./ POSER, G. (Hrsg.): „Handbuch der Ifo–Umfragen. Vierzig Jahre Unternehmensbefragungen des Ifo–Instituts für Wirtschaftsforschung, München", Berlin–München, 1989, S. 122–187.

LINDLBAUER, J.D. (1996): „Beurteilung ausgewählter Frühindikatoren", in: OPPENLÄNDER, K.H. (Hrsg.): „Konjunkturindikatoren. Fakten, Analysen, Verwendung", München–Wien, 1996, S. 238–251.

LÖRCHER, S. (1972): „Konjunktur–Indikatoren in Japan", *Konjunkturpolitik*, 18, 1972, S. 105–125.

LUCAS, R.E. (1976): „Econometric Policy Evaluation: A Critique", in: BRUNNER, K./MELTZER, A.H. (Hrsg.): „The Philipps Curve and Labour Markets", Carnegie Rochester Conference on Public Policy, Vol. 1, Amsterdam, 1976, S. 16–49.

LUCAS, R.E. (1977): „Understanding Business Cycles", in: BRUNNER, K./ MELTZER, A.H. (Hrsg.): „Stabilization of the Domestic and International Economy", Carnegie Rochester Conference on Public Policy, Vol. 5, Amsterdam, 1977, S. 7–29.

M

MARNET, V. (1996): „Eigenschaften und Bestimmungsfaktoren von Finanzmarkterwartungen. Eine theoretische und empirische Analyse unter Verwendung der ZEW-Finanzmarkttestdaten", Schriftenreihe des ZEW, Band 13, Baden-Baden, 1996.

MAUSSNER, A. (1993): „Konjunkturtheorie", Berlin et al., 1993.

MITCHELL, W.C./BURNS, A.F. (1938): „Statistical Indicators of Cyclical Revivals", Bulletin 69, National Bureau of Economic Research, New York, 1938.

MOORE, G.H. (1950): „Statistical Indicators of Cyclical Revivals and Recessions", Occasional Paper 31, National Bureau of Economic Research, New York, 1950.

MOORE, G.H. (1961): „The Diffusion of Business Cycles", in: MOORE, G.H. (Hrsg.): „Business Cycle Indicators", Volume 1, Princeton, 1961, S. 261-281.

MOORE, G.H./SHISKIN, J. (1967): „Indicators of Business Expansions and Contractions", Occasional Paper 103, National Bureau of Economic Research, New York, 1967.

MORRIS, F.E. (1961): „The Predictive Value of the National Bureau's Leading Indicators", in: MOORE, G.H. (Hrsg.): „Business Cycle Indicators", Volume 1, Princeton, 1961, S. 110-119.

MÜLLER, H. (1999): „Angewandte Makroökonomik", München-Wien, 1999.

N

NEFIODOW, L.A. (1997): „Der sechste Kondratieff. Die großen neuen Märkte des 21. Jahrhunderts", *Ifo Studien*, 43, 1997, S. 253-286.

NERB, G. (1996): „Aussagefähigkeit ausgewählter Indikatoren an konjunkturellen Wendepunkten", in: OPPENLÄNDER, K.H. (Hrsg.): „Konjunkturindikatoren. Fakten, Analysen, Verwendung", München-Wien, 1996, S. 317-341.

NEUBAUER, W. (1975): „Zur Aggregation von Konjunkturindikatoren", *Allgemeines Statistisches Archiv*, 59, Heft 3, 1975, S. 177-204.

NIERHAUS, W. (1998): „Praktische Methoden der Konjunkturprognose“, *Ifo Schnelldienst*, 51, Heft 28/98, 1998, S. 7–19.

O

o. V. (1999): „Im Westen ist noch keine Konjunkturwende in Sicht“, *Handelsblatt*, 4. März 1999, S. 7.

P

PARIGI, G./SCHLITZER, G. (1996): „Ökonometrische Modelle und Frühindikatoren“, in: OPPENLÄNDER, K.H. (Hrsg.): „Konjunkturindikatoren. Fakten, Analysen, Verwendung“, München–Wien, 1996, S. 198–215.

PERSONS, W.M. (1919): „An Index of General Business Conditions“, *The Review of Economic Statistics*, April 1919, S. 111–205.

PFLAUMER, P. (1986): „Messung und statistische Analyse der Fehler in den Prognosen des Sachverständigenrats“, *Allgemeines Statistisches Archiv*, 70, 1986, S. 368–387.

PFLAUMER, P./SWART, E. (1987): „Konjunkturvorhersagen im Vergleich: Expertenprognosen versus Zeitreihenprognosen“, *Allgemeines Statistisches Archiv*, 71, 1987, S. 353–363.

POSER, G. (1977): „Konjunkturindikatoren“, in: PFOHL, H.–C./RÜRUP, B. (Hrsg.): „Wirtschaftliche Meßprobleme “, 1977, S. 211–231.

PÜTZ, H./SIMMERT, D.B. (1972): „Ein Gesamtindikator zur Konjunkturdiagnose: der WSI–Konjunkturindikator“, *WWI-Mitteilungen*, 25, Heft 1, 1972, S. 18–27.

R

RAGNITZ, J. (1994): „Zinsstruktur und Wirtschaftswachstum“, *Kredit und Kapital*, 27, Heft 1, 1994, S. 11–29.

REMUS, K. (1984): „Zur Konstruktion von Gesamtindikatoren der Konjunkturentwicklung. Teil 1“, *Statistische Nachrichten Saarland*, Vierteljahresheft des Statistischen Landesamtes, Ausgabe 4, 1984, S. 10–13.

REMUS, K. (1985): „Zur Konstruktion von Gesamtindikatoren der Konjunkturentwicklung. Teil 2", *Statistische Nachrichten Saarland*, Vierteljahresheft des Statistischen Landesamtes, Ausgabe 1, 1985, S. 23–31.

RICHTER, R. (1998): „Zur Entwicklung der Makroökonmik in den vergangenen 50 Jahren (1947–1997)", *RWI-Mitteilungen*, 49, Heft 1/2, 1998, S. 1–37.

RINNE, H. (1976): „Ökonometrie", Stuttgart, 1976.

RINNE, H. (1996): „Wirtschafts- und Bevölkerungsstatistik. Erläuterungen — Erhebungen — Ergebnisse", 2., überarbeitete und erweiterte Auflage, München–Wien, 1996.

RINNE, H. (1997a): „Bemerkungen zur Qualität der Konjunkturprognosen des Sachverständigenrates zur Begutachtung der gesamtwirtschaftlichen Entwicklung", in: VON DER LIPPE, P. M. ET AL. (Hrsg.): „Wirtschafts- und Sozialstatistik heute. Theorie und Praxis", Berlin, 1997, S. 319–340.

RINNE, H. (1997b): „Revisionen", in: BRÜMMERHOFF, D./LÜTZEL, H. (Hrsg.): „Lexikon der Volkswirtschaftlichen Gesamtrechnungen", 2., ergänzte Auflage, München–Wien, 1997, S. 314–320.

RINNE, H. (1997c): „Taschenbuch der Statistik", 2., überarbeitete und erweiterte Auflage, Frankfurt am Main, 1997.

ROTHSCHILD, K.W. (1969): „Wirtschaftsprognosen: Methoden und Probleme", Berlin–Heidelberg–New York, 1969.

S

SACHVERSTÄNDIGENRAT (1970): „Konjunktur im Umbruch — Risiken und Chancen —", Jahresgutachten 1970/71, Stuttgart–Mainz, 1970.

SACHVERSTÄNDIGENRAT (1971): „Währung, Geldwert, Wettbewerb — Entscheidungen für morgen —", Jahresgutachten 1971/72, Stuttgart–Mainz, 1971.

SACHVERSTÄNDIGENRAT (1973): „Mut zur Stabilisierung", Jahresgutachten 1973/74, Stuttgart–Mainz, 1973.

SACHVERSTÄNDIGENRAT (1976): „Zeit zum Investieren“, Jahresgutachten 1976/77, Stuttgart–Mainz, 1976.

SACHVERSTÄNDIGENRAT (1995): „Im Standortwettbewerb“, Jahresgutachten 1995/96, Stuttgart, 1995.

SACHVERSTÄNDIGENRAT (1996): „Reformen voranbringen“, Jahresgutachten 1996/97, Stuttgart, 1996.

SACHVERSTÄNDIGENRAT (1998): „Vor weitreichenden Entscheidungen“, Jahresgutachten 1998/99, Stuttgart, 1998.

SAEBETZKI, A. (1994): „Die ZEW-Umfrage bei Dienstleistungsunternehmen: Panelaufbau und erste Ergebnisse“, ZEW Dokumentation Nr. 94–05, 1994.

SCHEBECK, F./TICHY G. (1984): „Die “Stylized Facts” in der modernen Konjunkturdiskussion“, in: BOMBACH, G./GAHLEN, B./OTT, A.E. (Hrsg.): „Perspektiven der Konjunkturforschung“, Schriftenreihe des Wirtschaftswissenschaftlichen Seminars Ottobeuren, Bd. 13, Tübingen, 1984, S. 207–224.

SCHIEFER, H.–W. (1968): „Konjunkturtheorie und Konjunkturindikatoren: Ein kritischer Beitrag zu dem Konzept der Konjunkturindikatoren des National Bureau of Economic Research“, München (Diss.), 1968.

SCHLITTGEN, R./STREITBERG, H.J. (1999): „Zeitreihenanalyse“, 8., überarbeitete Auflage, München–Wien, 1999.

SCHUMPETER, J.A. (1939): „Business Cycles. A Theoretical, Historical, and Statistical Analysis of the Capitalistic Process“, Volume 1, New York–London, 1939.

SHISKIN, J. (1961): „Electronic Computers and Business Indicators“, in: MOORE, G.H. (Hrsg.): „Business Cycle Indicators“, 1961, S. 517–597.

SIMS, CH.A. (1980): „Macroeconomics and Reality“, *Econometrica*, 48, January 1980, S. 1–48.

SOHN, G. (1972): „Der Konjunkturverlauf in Nordrhein–Westfalen — Erfahrungen mit dem Gesamtindikator des Sachverständigenrates —“, *Statisti-*

sche Rundschau für das Land Nordrhein–Westfalen, 24, Heft 10, Oktober 1972, S. 399–405.

SORER, R. (1915): „Einige Indexzahlen zur wirtschaftlichen Entwicklung Österreichs. Ein Beitrag zur Lehre der ökonomischen Symptome", *Bulletin de l'Institut International de Statistique*, 1915, S. 772–796.

STRIGEL, W.H. (1965): „Die Konjunkturumfragen des Ifo–Instituts für Wirtschaftsforschung", *Allgemeines Statistisches Archiv*, 49, 1965, S. 129–163.

STRIGEL, W.H. (1972): „Konjunkturindikatoren aus qualitativen Daten", *Ifo Studien*, 18, 1972, S. 185–214.

STRIGEL, W.H. (1985): „Das Geschäftsklima als Konjunkturindikator — eine Retrospektive", *Ifo Studien*, 31, 1985, S. 29–68.

STROHM, W. ET AL. (1999): „Revision der Volkswirtschaftlichen Gesamtrechnungen 1999 — Anlaß, Konzeptänderungen und neue Begriffe", *Wirtschaft und Statistik*, Heft 4, 1999, S. 257–281.

STURM, M. (1971): „Ein Gesamtindikator zur Konjunkturdiagnose. Alternativvorschlag zum Sachverständigenrats–Indikator", *Berichte des Deutschen Industrieinstituts zur Wirtschaftspolitik*, 5, Nr. 9, 1971, S. 1–41.

SZCZESNY, A./DORNAU, R./ANDERS, U. (1997): „G–Mind — German Market Indicator. Analyse des Stimmungsindikators und seiner Subkomponenten", ZEW Dokumentation Nr. 97–04, 1997.

T

TEICHMANN, U. (1997): „Grundriß der Konjunkturpolitik. Wachstum in Stabilität als Ziel", 5., verbesserte und erweiterte Auflage, München, 1997.

TICHY, G. (1994): „Konjunktur. Stilisierte Fakten, Theorie, Prognose", 2., völlig neu bearbeitete Auflage, Berlin et al., 1994.

U

ÜBERLA, K. (1971): „Faktorenanalyse. Eine systematische Einführung für Psychologen, Mediziner, Wirtschafts– und Sozialwissenschaftler", 2. Auflage, Berlin–Heidelberg–New York, 1971.

V

VAJNA, TH. (1971): „Wie der "Gesamtindikator" verbessert werden könnte", in: *Wirtschaftswoche*, Nr. 16, 1971, S. 60–62.

VAN SUNTUM, U. (1992): „Der Handelsblatt-Frühindikator signalisiert bevorstehende konjunkturelle Wendepunkte", *Handelsblatt*, 24./25. Januar 1992, S. 5.

VAN SUNTUM, U. (1993a): „Konjunkturelle Gesamtindikatoren — Rückkehr der Prognose-Saurier?", *Wirtschaftsdienst*, 73, Dezember 1993, S. 655–660.

VAN SUNTUM, U. (1993b): „Handelsblatt-Frühindikator bleibt abwärts gerichtet", *Handelsblatt*, 18. Januar 1993, S. 8.

VAN SUNTUM, U. (1995): „Das Konjunkturbarometer Ost ergänzt den Handelsblatt—Frühindikator", *Handelsblatt*, 27./28. Januar 1995, S. 6.

VAN SUNTUM, U. (1998a): „Konjunkturindikatoren. Aussagefähigkeit und Treffsicherheit", *Allgemeines Statistisches Archiv*, 82, Heft 1, 1998, S. 81–95.

VAN SUNTUM, U. (1998b): „Die sieben mageren Jahre im Osten gehen zu Ende", *Handelsblatt*, 29./30. Mai 1998, S. 8.

VON DER LIPPE, P. M. (1996): „Wirtschaftsstatistik. Amtliche Statistik und Volkswirtschaftliche Gesamtrechungen", 5., völlig neubearbeitete und erweiterte Auflage, Stuttgart, 1996.

VANDREY, H.-J. (1971): „Der Gesamtindikator — ein Instrument zur Konjunkturdiagnose", *Statistische Monatshefte für Niedersachsen*, 25, Heft 8, August 1971, S. 193–196.

VOSGERAU, H.–J. (1978): „Konjunkturtheorie", in: ALBERS, W. ET AL. (Hrsg.): „Handwörterbuch der Wirtschaftswissenschaften (HdWW), Vierter Band, Stuttgart et al., 1978, S. 478–507.

W

WAGEMANN, E. (1928): „Konjunkturlehre. Eine Grundlegung zur Lehre vom Rhythmus der Wirtschaft“, Berlin, 1928.

WALTER, I.A. (1992): „Der Konjunkturindikator — Spiegel der wirtschaftlichen Aktivität“, *Baden-Württemberg in Wort und Zahl*, 40, Heft 4, 1992, S. 158–168.

WALTER, I.A. (1993): „Zur bevorstehenden Konjunkturwende in Baden-Württemberg. Erfahrungen aus dem bisherigen Verlauf des Konjunkturindikators“, *Baden-Württemberg in Wort und Zahl*, 41, Heft 12, 1993, S. 487–496.

WINKER, P. (1997): „Empirische Wirtschaftsforschung“, Berlin et al, 1997.

WOLTERS, J./LANKES, F. (1989): „Das Ifo-Geschäftsklima als Konjunkturindikator. Empirische Ergebnisse für die Verbrauchs- und Investitionsgüterindustrie für 1975–1986“, *Ifo Studien*, 35, Heft 2-4, 1989, S. 198–209.

Z

ZARNOVITZ, V./BOSCHAN, CH. (1975): „Cyclical Indicators: An Evaluation and New Leading Indexes“, *Business Conditions Digest*, Mai 1975, S. V–XXII.

Peter Lang · Europäischer Verlag der Wissenschaften

Walter Naggl

Konjunktur

Frankfurt/M., Berlin, Bern, New York, Paris, Wien, 1999. 221 S., zahlr. Abb.
ISBN 3-631-33969-0 · br. DM 69.–*

Dieses Buch soll einen praxisorientierten Überblick der Verfahren zur Konjunkturanalyse und -prognose liefern. Es beginnt mit dem Verlauf der konjunkturellen Entwicklung in den USA und Deutschland seit den zwanziger Jahren. Danach werden das offizielle amerikanische Verfahren und von der Finanzpresse popularisierte Faustregeln der Datierung von Konjunkturzyklen dargestellt. Es folgt ein Abriß der wichtigsten Konjunkturtheorien und ihrer Aussagekraft bezüglich aktueller konjunktureller Fragestellungen. Die Schilderung typischer Muster des Konjunkturverlaufs bildet ein empirisches Pendant zu den Theorien. Es wird gezeigt, wie die Daten des ifo-Konjunkturtests und der Konsumentenstimmung zu Indizes verdichtet werden und welche Aussagekraft sie haben. Methoden zur Konstruktion von Frühindikatorindizes werden vorgestellt und deren Prognoseleistung diskutiert. Das Buch schließt mit einem Kapitel zur Inflation.

Aus dem Inhalt: Konjunkturzyklen in den USA und Deutschland und ihre Messung · Konjunkturtheorie und Muster der Konjunktur · Stimmungen, Erwartungen und Kaufpläne als Einzelindikatoren und ihre Verdichtung in einem Frühindikatorindex · Prognoseleistung von Vorlaufindikatoren · Historischer Überblick und Indikatoren der Inflation

Frankfurt/M · Berlin · Bern · New York · Paris · Wien
Auslieferung: Verlag Peter Lang AG
Jupiterstr. 15, CH-3000 Bern 15
Telefax (004131) 9402131
*inklusive Mehrwertsteuer
Preisänderungen vorbehalten

FSC
www.fsc.org
MIX
Papier | Fördert
gute Waldnutzung
FSC® C083411

Kolibri 360 GmbH
Ferdinand-Jühlke-Straße 7
99095 Erfurt, Deutschland
produktsicherheit@kolibri360.de

Druck:
CPI Druckdienstleistungen GmbH
im Auftrag der
Kolibri 360 GmbH
Ferdinand-Jühlke-Str. 7
99095 Erfurt